감정조절 안 되는 아이와
이렇게 대화하기 시작했습니다

화내는 아이에게 화내지 않고 말하기

감정조절 안 되는 아이와 이렇게
대화하기 시작했습니다

1판 1쇄 발행 2019. 12. 20.
1판 3쇄 발행 2023. 12. 1.

지은이 노라 임라우
옮긴이 장혜경

발행인 고세규
편집 길은수 | 디자인 윤석진
발행처 김영사
등록 1979년 5월 17일 (제406-2003-036호)
주소 경기도 파주시 문발로 197(문발동) 우편번호 10881
전화 마케팅부 031)955-3100, 편집부 031)955-3200 | 팩스 031)955-3111

값은 뒤표지에 있습니다.
ISBN 978-89-349-9983-6 13590

홈페이지 www.gimmyoung.com 블로그 blog.naver.com/gybook
인스타그램 instagram.com/gimmyoung 이메일 bestbook@gimmyoung.com

좋은 독자가 좋은 책을 만듭니다.
김영사는 독자 여러분의 의견에 항상 귀 기울이고 있습니다.

화내는
아이에게
화내지 않고
말하기

감정조절 안 되는 아이와 이렇게 대화하기 시작했습니다

노라 임라우 | 장혜경 옮김

김영사

* **일러두기**

독자들의 이해를 돕기 위해 본문에 소개한 사례 중 외국인명을 한국인명으로 바꿨으며, 동명의 실제 인물과는 무관한 점을 밝힙니다.

넉넉한 마음으로 말썽꾸러기들을 품어주셨던
우리 할머니 마르그레트 임라우께 바칩니다.

프롤로그

살다 보면 잊지 못할 순간이 있다. 나는 'Spirited Children'으로 불리기도 하는 '감정이 격한 아이들'의 존재를 처음 안 순간이 그랬다. 무서우리만치 강한 의지, 격렬한 감정 폭발, 사나우면서도 섬세한 성격. 듣자마자 "이거 우리 애잖아!" 하는 생각이 들었고, 그런 특성을 가리키는 명칭이 있다는 것도 무척 놀라웠다.

감정이 격한 아이를 키우는 부모가 그렇듯 나 역시 이런 문제와 고민을 안고 있는 사람은 이 세상에 나 혼자뿐이라는 생각을 많이 했다. 내 말을 들은 다른 부모들은 눈을 동그랗게 뜨고 이마를 찌푸리며 되물었다. "애가 아침마다 바지를 안 입으려고 한다고요? 나 같으면 절대 가만두지 않아요."

그러나 우리 아이가 '감정이 격한 아이'임을 인정한 이후 나는 더 이상 혼자가 아니다. 이 세상에 감정이 격한 아이가 수십만 명 있다는 사실을 알게 되었기 때문이다. 그 아이들의 부모는 매일매일 우리 부부와 똑같은 질문을 마주한다. '폭발적인 기질로 하루에도 몇 번씩 이성을 잃게 만드는, 이 너무나도 사랑스럽고 멋지고 놀라운 아이와 함께 별 탈 없는 하루하루를 무사히 살아갈 수 있을까?'

감정이 격한 아이를 점차 알게 되면서 많은 변화가 있었다. 나는 이 열정적이고 충동적인 아이들과 관련하여 온갖 연구 결과를 조사했고, 학자들과 대화를 나누었다. 무엇보다 비슷한 아이를 키우는 부모들을 만나 어떻게 아이를 진정시키는지, 어떤 대처법이 효과적인지 물었다. 아이의 감정이 너무 격할 때 그들만의 대처 비결이 있는지, 친구나 친척 들에게 어떻게 사정을 설명하는지도 물었다. 오랜 노력 끝에 얻은 깨달음은 우리 가족에게 많은 변화를 선사했다. 아이의 머리와 심장에서 어떤 일이 일어나는지 알게 될수록 아이의 마음에 이는 사나운 감정의 물결에 더 많은 공감과 사랑으로 동행할 수 있었다. 다른 가족이 효과를 보았다는 전략의 창고가 넓어질수록, 아무리 힘든 상황에서도 이성을 잃지 않고 우리 아이에게 꼭 필요한 사람이 될 수 있는 확률도 커졌다. 완전히 이성을 잃은 아이의 흥분한 신경 시스템을 부드럽게 가라앉힐 수 있는, 차분하고 확신에 찬 부모 모습에 가까워졌다.

그만큼 그동안 배운 지혜를 어서 널리 알리고 싶은 마음도 컸다. 같은 고민을 안고 사는 부모들에게 아이들의 특별한 기질 뒤에 무엇이 숨어 있는지를 진정으로 헤아리라고 말해주고 싶었다. 아이들의 복잡한 마음을 이해하려면 다툼과 갈등 대신 이해와 신뢰가 넘치는 가정을 만드는 게 최우선이다. 그래야 우리 아이들에게 억지로 감정을 억누르지 않고 격한 감정에 건강하게 대처할 수 있는 방법을 가르칠 수 있다.

이 책 곳곳에 감정이 격한 아이였지만 잘 자라 유명인이 된 인물들을 짤막하게 소개했다. 아이의 특별한 기질을 인지하고 나니 어릴 때부터 격한 감정과 고집 센 성격으로 주목을 끌었던 위인들이 눈에 띄었다. 그래서 그런 사람들의 약력과 인터뷰 기사 등을 스크랩하여 차곡차곡 모았다. 위대한 천재들도 한때는 '키우기 힘든 아이' 취급을 받았다는 사실을 떠올리며 내 마음을 다독이기 위해서였다. 그러니 이 책에 실린 그들의 짧은 소개글을 읽으며 다른 부모들도 우리 아이들의 특별한 잠재력을 잊지 않기를 바란다.

무엇보다 이 책을 읽으며 당신이 즐거웠으면 좋겠다. 잃었던 자신감을 되찾고 물음에 대답을 찾고 용기를 얻으며 아이로 인해 고단한 일상에 구체적인 도움을 받았으면 좋겠다. 누가 알겠는가? 당신에게도 '감정이 격한 아이'의 존재를 처음 인지하게 된 이 순간이 인생의 전환점이 될지. 온 가족이 화목해지고 당신의 특별한 아이와 편안한 관계를 맺을 기회가 되기를, 나는 진심으로 바란다.

독일 라이프치히에서

노라 임라우

차례

우리 아이와 나
– 감정이 격한 아이의 부모로 사는 것

4장 아이의 격한 감정에 대처하는 법

5장 엉망진창이 된 일상 바로 세우기
– 감정이 격한 아이를 키우며 발생하는 문제와 해결책

6장 거의 정상적인 가족생활

1장

뭐든 많아

감정이 격한 아이를 알아보고 이해하다

긴장이 있는 곳에 에너지가 있고
내적 갈등은 변화의 원동력이다.
반항하는 충동이 아이의 발전을 돕는
힘찬 원동력이 될 수 있다.
따라서 아이의 정신적 기본 욕구를 자세히 살피고
어떻게 잘 조절할 수 있을지 고민해야 한다.

뭔가 달라요

에너지도, 욕심도, 기쁨도 남들보다 많다. 그에 못지않게 절망도, 분노도, 슬픔도 더 많다. 보통의 아이들과 다르다. 어떤 감정이든 무조건 남들보다 격하다. 기쁘면 난리가 나고 슬프면 홍수가 나도록 울고 화가 나면 미쳐 날뛴다. 중간이 없다. 대충 만족하는 일이 없다. 매일매일 감정의 롤러코스터를 타는 것 같다.

이런 아이의 부모라는 것이 황홀하도록 좋은 순간이 있다. 세 살 아들이 좋아서 침대에서 껑충껑충 뛰고, 다섯 살 아들은 무엇이든 잡았다 하면 끝까지 최선을 다해 멋진 작품을 만들어낸다. 일곱 살 딸이 엄마의 품속을 파고들며 다정하기 그지없는 말을 늘어놓는다. "엄마는 세상에서 제일 멋진 엄마야. 엄마가 우리 엄마라서 정말 좋아."

하지만 다른 순간들도 있다. 정말로 다른 순간들이 숱하게 있다.

아침부터 제일 아끼는 청바지가 세탁기에 들어 있다며 학교에 못 가겠다고 눈물바람이다. 빵집 아주머니가 "아가, 어서 와라"라고 인사했다고, 자기는 다 컸는데 아가라고 한다고 엄마한테 발길질한다. 발이 근질근질하다며 한시도 가만히 앉아 있지를 못하고 애먼 유리잔을 넘어뜨리고 접시를 깨뜨린다.

"애들이 다 그렇지 뭐. 우리 애도 그럴 때가 있어." 감정이 격한 아이를 둔 부모는 이런 말을 자주 듣는다. 하지만 모든 아이가 겪는 지극히 정상적인 감정의 등락과 이 책에서 다룰 아이들의 혼란스러운 감정이 다른 점은 '그럴 때'라는 표현에 있다.

당연히 애들은 밥 먹을 때 말썽을 부린다. 화가 나면 마트에서 드러누워 떼를 쓴다. 하루가 멀다 하고 울고불고 싸우고 화를 낸다. 하지만 언제 그랬느냐는 듯 평화가 찾아오기도 한다. 바람은 멎고 파도는 잔잔해지고 집안은 조용해진다.

그러나 이 책에서 다룰 가정에선 그런 일이 좀처럼 일어나지 않는다. 감정이 폭발한 아이를 어르고 달래서 겨우 진정시켜 놓으면 아이는 고무공처럼 튀어 다음 감정을 향해 달려간다. 이렇게 눈물과 절망과 분노가 많은 아이, 괜찮을까? 많은 부모가 마음을 졸인다. 화가 난다고 머리를 바닥에 찧고 찧고 또 찧는 네 살 딸, 흥을 주체하지 못해 발코니에서 뛰어내리려는 다섯 살 아들, 괜찮을까? 유치원에서 너무 반가워 확 안자 친구가 깜짝 놀라 뒷걸음질을 치다가 넘어졌다고 상심하고 자책하며 몇 주 동안 유치원에 가지 않겠다고 버티는 아이, 괜찮을까?

다른 아이들은 안 그렇죠?

아니, 다른 아이들도 그렇다. 친구들보다 세상을 더 강렬하게 인지하고 매일매일 격한 감정에 휩싸이는 아이들은 전 세계적으로 수십만 명에 이른다. 빈부를 가리지 않고, 대가족과 핵가족을 가리지 않고, 산업 발전과 전통 문화를 가리지 않고 세계 곳곳에 그런 아이들이 살고 있다. 성격과 행동 방식이 또래 친구들과 확연히 다르지만, 그 아이들이 비정상이라서 그런 것이 아니다. 아이들의 성장이 우리가 생각하는 것보다 훨씬 더 다채롭고 다양한 방식으로 이루어지기 때문이다.

정상인가요?

"다르다는 것은 정상이다Es ist normal, verschieden zu sein." 2015년에 세상을 뜬 전 독일 대통령 리하르트 폰 바이츠제커Richard von Weizsäcker는 이렇게 말했다. 그의 명언은 우리 인간의 탄생 모토이기도 하다. 진화사로 볼 때 다양성은 인간의 강점이었고, 차이는 생존 전략이었다. 전혀 다른 인격이 만나는 곳에선 갈등이 끊이지 않지만, 또 한편 서로 다른 강점과 약점을 보완할 수 있기에 최고의 발전이 가능하다.

우리 모두는 다른 성격을 타고난다. 어떤 이는 겁이 많고 어떤 이는 호기심이 많으며, 어떤 이는 투박하고 어떤 이는 섬세하다. 감정이 격한 아이들은 여러 성격이 극단적으로 뒤섞여 있다. 어떨 때는 너무 심약하다가도 또 어떨 땐 힘이 넘쳐 탈이다. 남의 분노와 슬픔에 쉽게 상처를 받으면서도 정작 자기감정을 주체하지 못해 앞뒤 가리지 않고 분노와 슬픔을 뿜어낸다.

성격을 스펙트럼에 표현한다면 감정이 격한 아이들의 성격은 이 스펙트럼의 양극단을 차지한다. 이 아이들은 극도로 예민하고 극도로 충동적이며 극도로 호기심이 많고 극도로 민감하다. 극도로 관계 지향적인가 하면 극도로 자유를 사랑하고 극도로 용감한가 하면 극도로 겁이 많고 극도로 열정적인가 하면 금방 풀이 죽는다.

말이 씨가 된다

다른 아이들보다 감정이 격한 아이들은 이런 말을 자주 듣는다.

- 키우기 힘들다.
- 사납다.
- 고집이 세다.
- 떼쟁이다.
- 자기밖에 모른다.
- 반항적이다.
- 울보다.
- 시끄럽다.
- 부산스럽다.
- 집중력이 약하다.
- 공격적이다.

• 제멋대로다.
• 변덕스럽다.

아이들의 특별한 기질을 문제라고 생각하기 때문에 자꾸만 이런 식의 부정적인 평가를 내리고 야단을 친다. 그러나 모든 감정을 강렬하게 느끼고 강렬하게 표현하는 아이들에겐 대부분 이런 장점이 있다.

• 창의적이다.
• 호기심이 많다.
• 에너지가 넘친다.
• 끈기가 있다.
• 철저하다.
• 언어 구사력이 뛰어나다.
• 솔직하다.
• 용감하다.
• 꿈이 크다.
• 의지가 강하다.
• 마음이 따뜻하다.

흔히 '말이 씨가 된다'고 하지 않는가. 아이에게 못됐다고, 고집 세고 반항적이라고 야단을 치면 자기도 모르는 사이 그 말들이 아이의 자아상과 행동에 스며든다. 반대로 아이의 열정과 에너지와 뿜어 나오는 창의력과 총명함을 먼저 봐준다면 아이의 자아상도 긍정적으로 변할 것이고 아이와 어른의 관계도 편해질 것이다.

따라서 이 아이들을 욕심이 많아 만족할 줄 모르는 문제아로 치부하지 않고, 아이의 특별한 기질에 숨은 장점을 표현할 새로운 이름을 찾을 필요가 있다. 따라서 나는 이 책에서 이 같은 아이들을 '감정이 격한 아이gefühlsstarke Kinder'라고 부를 것이다.

또 하나의 병명?

병명이 난무하는 시대다. 아동 발달의 규범에서 아이가 조금만 벗어나도 바로 호들갑을 떨면서 무슨 뜻인지도 모를 어려운 이름들을 갖다붙인다. 예민한 은지는 'HSPHighly Sensitive Person'이고, 무슨 일이든 조금씩 느리고 서툰 민호는 '경도인지장애mild cognitive impairment'이며, 별난 희경이는 '충동조절장애impulse control disorder'이다. 뭔가 심각한 질병의 냄새를 풍기지만 사실 알고 보면 그저 지극히 정상 성격을 일컫는 단어이다. 그러나 그 사실을 알 리 없는 부모는 불안해 하며 고민에 빠진다. '내가 뭘 잘못했을까? 우리 아이가 비정상인 걸까?'

그렇다면 '감정이 격하다'는 표현 역시 괜한 불안을 조장하고 우리 아이를 틀에 끼워 맞추는 또 하나의 병명이 되는 것은 아닐까? 절대 그렇지 않다. 나는 '감정이 격한 아이'라는 개념을 우리 사회가 섬세하고 충동적인 아이들에게 갖다붙이는 온갖 병명을 대신해 사용할 것이다. 나는 격한 감정을 절대 비정상으로, 치료가 필요한 문제로 보지 않는다. 격한 감정은 조금 힘들지만 지극히 정상인 인성 발달의 모습이다. 따라서 '감정이 격한 아이'라는 표현은 진단명이 아니라 일종의 슬로건으로 두 가지 중요한 기능이 있다.

첫째, 아이를 존중하며 장점을 비롯한 잠재력에 초점을 맞춘 개념을 제시한다. 둘째, 통일된 개념은 감정이 격한 아이를 키우는 부모들이 네트워크를 형성하여 서로 교류하고 도울 수 있는 출발점이 되리라 생각한다. 영어권 국가에는 이미 이런 노력이 결실을 거두었다. 미국의 교육학자 메리 시디 커신카Mary Sheedy Kurcinka는 1991년에 출간한 《아이를 바꾸려 하지 말고 긍정으로 교감하라Raising Your Spirited Child》에서 감정, 에너지, 충동, 예민함 등 모든 면이 남들보다 많은 아이들에게 '활력이 넘치는Spirited'이란 수식어를 붙여 '활력이 넘치는 아이들Spirited Children'이라는 개념을 사용하였다. 이전까지 '까다롭다'고 비난을 받던 아이들에게 처음으로 긍정적인 이름을 선사하였다. 커신카에 따르면 아동 10명 중 7명은 '감정이 격한 아이'라고 한다.

북미에는 대도시마다 감정이 격한 아이를 키우는 부모 모임이 있어 정보를 나누고 있다. 커신카의 책 제목과 같은 페이스북 그룹 'Raising Your Spirited Child'에는 1만 명이 넘는 부모가 가입해 서로를 독려하고 있다. 그와 같은 네트워크가 더 많이 생겼으면 하는 소망을 가진다.

장점으로 눈길을 돌리다

문제라고 생각할 수 있는 우리 아이를 '격한 감정'이라고 새롭게 정의하는 것은 심리치료에서 인기 높은 '리프레이밍reframing'의 원리와 같다. 리프레이밍이란 말 그대로 틀을 다시 짜는 것이다. 화랑에 걸린 그림을 새 틀에 집어넣으면 전혀 다른 그림으로 보인다. 그 원리처럼 우리 생각과 정서에 단단히 뿌리내린 특정 시각이나 경험을 기존의 틀에서 떼어내어 다른 관점으로 새롭게 바라보자는 것이다. 언뜻 보기엔 싸구려 심리 트릭 같지만—틀이 달라진다고 해도 그림은 똑같으니까—실제 이 방법은 엄청난 효과를 발휘하기 때문에 심각한 트라우마를 겪은 사람도 자신의 경험과 느낌을 긍정하는 방향으로 바꿀 수 있다. 또 이 방법은 우리 부모들에게도 예상치 못한 가능성을 열어준다. 우리 아이를 키우기 힘든 문제아가 아니라 섬세하고 표현력이 강한, 특별한 아이로 보고 대하기 시작하면 그것만으로도 가족 전체가 변할 수 있다. 사랑과 존중을 담은 눈길과 언어는 아이를 대하는 우리의 태도만 바꾸는 것이 아니라 아이의 자아상과 다른 사람들이 우리 아이를 대하는 방식에까지 영향을 미친다. 긍정적 시각과 표현에는 전염성이 있기 때문이다. 우리의 느낌은 우리가 듣고 보는 것과 무관하지 않다.

이 책은 힘겹고 괴로운 심정을 억지로 외면하거나 숨기지 않고도 우리 아이를 새로운 눈으로 바라볼 수 있도록 도와주려 한다. 감정이 격한 아이를 키우는 것은 결코 쉬운 일이 아니다. 하루 종일 좋았다 싫었다를 반복하는 아이를 지켜보아야 하는 일은 생각보다 만만치 않다. 하지만 아무리 그래도 우리 아이가 귀하고 멋진 아이라는 사실에는 변함이 없다. 우리 아이는 그 모습 그대로 정말 멋진 보물이다.

심리치료사를 붙들고 우리 서준이가 나를 너무 힘들게 한다고 울며 하소연을 했답니다. 가만히 듣고 있던 심리치료사가 조용히 이런 조언을 했어요. 아이가 힘들게 할 때마다 그 행동을 긍정적으로 해석할 수 있는 개념을 찾아보라고요. 예를 들어 '별나다'는 말 대신 '에너지가 넘친다', '버릇이 없다' 대신 '자의식이 강하다' 같은 식으로요. 그 후 몇 주 동안 저는 정말 놀라운 경험을 했답니다. 단어 선택 하나가 얼마나 큰 변화를 몰고 왔는지 몰라요. 서준이 때문에 짜증이 나면 아이가 방금 한 행동에서 좋은 측면을 찾았지요. '인정머리가 없다'

고 생각될 때 고개를 저은 후 '아냐, 적어도 제 몸 하나는 잘 챙기잖아'라고 생각했습니다. 그랬더니 조금이나마 아이를 이해하게 되었고 아이를 대하는 태도가 한결 부드러워졌습니다.

한번은 어린이집 선생님이 한숨을 쉬며 서준이가 어린이집에서 너무 뛰어다닌다고 하소연을 하시더군요. 그래서 제가 조심스럽게 말했지요. "그러게 말입니다. 어찌나 빠른지 바람돌이예요." 그러자 선생님이 미소를 지으며 말씀하셨죠. "하긴, 진짜 빨라요. 운동선수 시키셔도 될 것 같아요. 운동에 소질이 많거든요."

– 다섯 살 지희와 세 살 서준이를 키우는 엄마 민정

우리 아이가 감정이 격한 아이일까?

아이가 머리가 좋은지 알고 싶다면 지능검사를 받아보면 된다. 아이가 고도로 예민한 아이인지 알고 싶다면 인터넷에서 관련 검사지를 뽑아 아이에게 물어보면 된다. 하지만 감정이 격한 아이는 굳이 그런 검사를 받을 필요가 없다. 격한 감정은 누가 진단을 내려주지 않아도 아이의 부모가 매일매일 몸으로 느낄 수 있는 특징이기 때문이다. 물론 굳이 진단을 받고 싶다고 해도 판단을 내려줄 규격화된 검사 방법이 있는 것도 아니고 아이를 진단하여 감정이 격한 아이인지 아닌지를 판단해줄 의학 혹은 심리학의 권위자도 없다. 현실적으로 감정이 격한 아이를 알아보는 기준은 단 하나다. 가족의 주관적인 느낌! 결국 아이를 제일 잘 아는 사람은 가족이니까 말이다.

큰딸을 떠올리면 어떤 아이인지 확실한 이미지가 그려져요. 영리하고 온화하고 총명한 아이여서 레고만 있으면 몇 시간도 혼자 잘 놀고 학교에도 금방 적응했지요. 물론 화를 낼 때도 있고 울 때도 있지만 근본적으로 명랑한 아이라서 키우기가 참 편했어요. 그런데 작은딸을 생각하면 머리가 아파요. 너무 과한 감정들, 너무 많은 성향들, 너무 극단적인 성격이 그 아이한테 집약되어 있거든요. 너무 시끄럽고 너무 조용해요. 너무 재미있고 너무 진지해요. 미친 듯이 날뛰며 있는 힘을 다해 나를 때리다가도 밤이 되면 세상 다정한 아이가 되어 내 품을 파고들지요. 조용히 넘어가는 일이 없어요. 유치원에 가기 싫다고 칭얼대고 밤에 자기 싫다고 화를 내고. 어떨 때는 자기감정을 주체하지 못해서 야생동물처럼 물고 고함을 지르고 침을 뱉고 미친 사람처럼 화를 냅니다. 문화센터에 데리고 가면 우리 아이 때문에 강좌가 진행이 안 되고 마트에 데리고 가도 난동을 피우니 모두들 저를 한심하다는 시선으로 쳐다봐요. 그러나 또 너무나 격렬하게 저를 사랑하고 필요로 하기 때문에 제가 아무리 사랑을 주고 관심을 줘도 만족을 못 하는 것 같아요. 그래서 이런 생각이 들 때가 많아요. '이 세상에 우리 아이만큼 요구하는 것이 많고 키우기 힘든 아이도 드물지만 또 우리 아이만큼 사랑스럽고 멋진 아이도 드물 것이라고.'

– 여덟 살 슬기와 여섯 살 가람이를 키우는 엄마 경진

감정이 격한 딸아이를 키우는 엄마의 글을 읽으며 '누가 내 마음을 들여다본 것이 아닌가' 하고 놀랐다면, 격하게 고개를 끄덕이며 "맞아. 나도 그래. 딱 내 마음이야"라고 외쳤다면, 심지어 울컥

눈물이 솟구치며 '나 혼자만 그런 것이 아니었구나' 하는 안도감이 들었다면, 당신은 감정이 격한 아이의 엄마나 아빠일 가능성이 매우 크다.

감정이 격한 아이의 8가지 특징

미국의 교육학자 메리 시디 커신카는《아이를 바꾸려 하지 말고 긍정으로 교감하라》에서 감정이 격한 아이에게서 과도하게 나타나는 8가지 대표 특징을 소개하였다. 모든 아이가 그 8가지 특징을 다 보이는 것은 아니지만, 그래도 살펴보면 감정이 격한 아이를 인지하는 데 큰 도움이 될 것이다.

1. “우리 아이는 무슨 감정이든 너무 과하게 표현해요”

감정이 격한 아이는 신생아 때부터 남다르다. ‘응애응애’ 울지 않고 비명을 지른다. 배가 고프면 입을 쩝쩝대지 않고 바로 악을 쓴다. 혼자 있는 것이 너무 무섭기 때문에 엄마한테서 떨어지는 순간 미친 듯 울어 젖힌다(엄마 몸에서 떨어지는 것이 싫어서 유모차를 안 타려고 하기 때문에 포대기로 안거나 업어야 한다).

나이를 먹어도 격한 감정의 등락은 여전하다. 과일 주스를 좀

쏟았다고 난리가 난다. 자기 마음에 드는 모자를 씌워주지 않았다고 오후 내내 악을 쓰고 운다. 이 아이에게 사소한 일은 없다. 모든 일이 엄청나게 큰일이고 모든 정서 반응이 격해도 너무 격하다. 그리고 이런 격한 감정을 여과하지 않은 채 그대로 표출한다. 뭔가 마음에 안 들면 고함을 지르고 큰 소리로 울어 젖히는데, 그런 일이 잦을 뿐 아니라 한번 울면 좀처럼 그치지 않는다.

하지만 격한 감정을 밖으로 표출하지 않고 안으로 삭이는 아이도 있다. 이런 아이들은 힘든 상황이 닥쳐도 조용히 혼자서 밀려드는 감정의 격랑에 맞서 싸운다.

2. “우리 아이는 너무 끈질기고 고집이 세요”

감정이 격한 아이는 일단 무엇에 꽂히면 절대로 포기하는 법이 없다. 아빠의 스마트폰을 달라는 아이에게 노래가 나오는 장난감 전화기를 쥐여주며 아무리 꼬드겨도 절대 안 통한다. 아이는 아빠의 '그 스마트폰'을 손에 넣어야 직성이 풀린다. 아무리 창의적인 방법으로 아이의 관심을 돌리려고 해도 스마트폰을 주지 않으면 지쳐 탈진할 때까지 악을 쓰고 버둥거린다. 그래서 감정이 격한 아이들은 고집불통이라는 오해를 받기 쉽다. 하지만 사실은 의지가 강하고 단호해서다. 한번 머리에 입력된 목표를 달성할 때까지 절대로 물러서지 않는다.

3. "우리 아이는 지나치게 예민해요"

감정이 격한 아이는 감각이 매우 예민해서 반갑지 않은 냄새나 소음, 피부 느낌, 구강 촉감에 쉽게 불안정해진다. 단적인 예로 잠귀가 무척 밝다. 겨우겨우 아이를 재우고 살금살금 나오던 중 문을 닫을 때 나는 '달칵' 소리에 바로 눈을 뜬다. 나이를 조금 더 먹으면 매사에 까탈을 부려서 음식을 먹거나 옷을 입을 때 쉽게 넘어가는 법이 없다. 울 섬유로 만들어진 옷은 깔끄럽다고 하고 청바지는 너무 쪼인다고 하고 단추를 채우면 숨을 못 쉬겠다고 투정하며 양말은 답답해서 못 신겠다고 심통을 부린다. 특히 한 공간에 있는 어른의 감정(어른 자신도 미처 깨닫지 못한)에 무척 민감하게 반응한다. 그리고 부모에게 이 감정을 '되비추는' 경향이 높다. 무의식적으로 인식한 어른의 감정을 행동으로 표출하는 것이다. 예를 들어 부모가 화를 참고 있다고 느끼면 자기가 갑자기 버럭 화를 내고, 부모가 슬퍼하는 것 같으면 자기가 이유 없이 눈물을 뚝뚝 흘린다. 부모가 불안해하는 것 같으면 아이도 몹시 불안에 떤다.

4. "우리 아이는 뭐든 귀신같이 알아차려요"

감정이 격한 아이는 타고난 탐정이다. 빠르게 포착하는 능력과 미세한 것까지 놓치지 않는 매의 눈으로 아무리 작은 변화도 바로 알아차리고 나름대로 결론까지 내린다. "엄마, 오늘 냄새가 달라.

향수 뿌렸네. 어디 나가?" 이런 말을 들은 부모는 아이한테 계속 관찰과 감시를 당하는 것 같아 기분이 상하지만 사실 아이는 무의식적으로 행동한 것이다. 그런 세세한 부분이 눈에 띄기 때문에 의식하지 않아도, 보고 싶지 않아도 안 볼 수가 없다. 예를 들어 감정이 격한 아이는 부엌에 가서 소금통을 가지고 오라는 간단한 심부름도 무사히 마칠 수가 없다. 부엌으로 가는 길에 수많은 물건이 관심을 끌기 때문에 자기가 왜 지금 부엌으로 가고 있는지 금방 까먹는다. 30분이 지나도 아이가 오지 않아 찾아 나서면 아이는 가다 말고 주저앉아, 빵부스러기에 붙은 초파리를 홀린 듯 쳐다보고 있는 식이다.

5. "우리 아이는 정해진 일과가 바뀌는 것을 못 참아요"

감정이 격한 아이는 천성적으로 감정의 등락이 심하기 때문에 확정되었거나 쉽게 예상할 수 있는 루틴에 기대 일상을 유지한다. 따라서 일상의 흐름이 갑자기 바뀌면 심한 스트레스를 받는다. 예를 들어 휴일이나 휴가를 맞이하여 여행을 떠나는 경우 신이 나서 좋아하다가도 갑자기 화를 내거나 울음을 터트린다. 평소와 다른 일과인 데다가 남은 일과가 어떨지도 모르겠고, 거기에다 사람은 많고 시끄럽고 온갖 자극이 쏟아지니까 아이는 머리가 터져버릴 것 같은 불안에 사로잡힌다. 통제할 수 없는 분노의 폭발, 과도한 공격성, 도발적 태도는 스트레스의 표현이며, 부모 역시 애써 준비한 아이 생일이, 온 가족이 모인 명절이 아이의 고집과 울음으로 엉망이 되어버려 화가 나고 짜증이 난다.

6. "우리 아이는 에너지가 무한한 것 같아요"

감정이 격한 아이는 '별나다'는 말을 많이 듣는다. 하지만 사실은 운동 욕구가 엄청나기 때문에 에너지를 충분히 쓸 수 없자 불안을 느껴 안절부절못하는 것이다. 그래서 이런 아이는 가만히 앉아 있지를 못한다. 엉덩이는 붙이고 있어도 손은 한시도 가만히 두지 못한다. 종이를 찢거나 옷을 잡아 뜯고 색연필을 깎고 또 깎는다.

하지만 아이의 에너지가 넘친다고 해서 사냥개처럼 지칠 때까지 훈련을 시켜야 한다는 생각은 틀렸다. 감정이 격한 아이는 사나운 것이 아니라 자아실현 욕구가 강한 것이다. 즉 기어오르고 달리고 뛰면서 한시도 가만있지 않는 이유는 에너지를 주체할 수 없어서가 아니라 특정 목표를 끝까지 추구하기 때문이다. 침대 가장자리에 두른 안전 울타리를 계속해서 기어오르려는 이유는 수백 번 실패해도 반드시 침대 밖으로 나오겠다는 목표를 세웠기 때문이다. 선반 제일 꼭대기에 초콜릿이 있다면 반드시 초콜릿을 먹을 생각으로 세탁기 위에 의자를 놓고 그 위로 기어 올라간다. 농구공을 농구 골대에 집어넣기로 마음먹었다면 계속해서 농구공을 던지며 몇 시간이 걸려도 끝까지 해내 목표를 이루고야 만다.

7. "우리 아이는 변화를 싫어해요"

엄마가 안경을 바꾸기만 해도 아이에겐 보통 큰일이 아니다. 그러니 유치원을 옮기거나 이사를 가는 것은 하늘이 무너지는 사건이다. 이럴 때 부모가 괜찮다고, 아무 일도 아니라고 아이를 달래면 아이는 새로운 상황에 더 적응할 수가 없다. 자신의 인식을 믿을 수 없다는 생각을 하게 되기 때문이다. 따라서 감정이 격한 아이에게는 천천히 단계적으로 적응할 수 있도록 충분한 시간과 기회를 주어야 한다.

8. "우리 아이는 비관적이에요"

감정이 격한 아이들 중에는 매우 명랑한 성격인 아이도 있지만 난관이나 부정적 측면에 초점을 맞추어 고민이 많고 생각이 깊은 유형의 아이들도 적지 않다.

힘들게 동물원에 데려갔었는데 넘어져 아팠던 기억밖에 안 난다고 한다면 부모로서는 참 기운 빠지는 일이다. 하지만 아이도 어쩔 수 없다. 일부러 비관적 세계관을 선택한 것이 아니니까 말이다. 사실 아이가 계속 문제점을 찾는 이유는 총명한 머리로 해결책을 찾고 개선 방안을 모색하려 하기 때문이다. 그래서 얼핏 보면 매사에 회의적이고 비관적이지만 궁극의 목표는 비관적 시각 그 자체가 아니라 해결 방안의 모색이다. 아이는 현명한 회의론자이며 건설적인 비판가이다.

혼자가 아니에요!

감정이 격한 아이와 동행하는 일상은 긴장의 끈을 한시도 놓을 수 없는 고단하고 힘든 시간이다. 그칠 줄 모르는 감정의 롤러코스터를 매일 함께 타야 하는 그 심정을 보통 아이를 키우는 부모는 상상조차 할 수 없을 것이다. 떼 쓰는 아이를 바라보며 어떻게 해야 할지 망연자실한 순간이 한두 번이 아니다.

이런 부모들에게 이 말을 꼭 해주고 싶다. 당신은 절대 혼자가 아니라고. 매일 아이와 치열한 전투를 벌이는 못난 부모가 이 세상에 당신 혼자인 것 같아도 절대 그렇지 않다고. 수천의 부모가 당신과 같은 길을 걷고 있다고. 그들 모두가 당신과 같은 심정이라고.

우리는 우리 아이를 너무나 사랑한다. 하지만 어떨 때는 정말이지 저 멀리 화성으로 보내버리고 싶다. 제아무리 많은 돈을 주어도 절대 우리 아이와 바꾸지 않을 테지만 그래도 하루쯤은 아이 없이 조용한 날이 있으면 좋겠다.

얌전한 아이를 키우는 부모를 부러워한 적도 많다. 그들이 속도 모르고 우리 아이에겐 절대 통하지 않을 이런저런 조언을 던질 때면 말할 수 없을 정도로 큰 상처를 받는다. 우리는 끊임없이 자신을 의심하고 '우리가 뭘 잘못했기에 애가 저 모양인가' 하고 고민한다. 그러면서도 우리 아이는 애당초 다른 아이와 다르고 똑같이 키운 형제자매들과도 다르다는 사실을 인정하지 않을 수 없다.

우리는 아이의 특별한 기질에 숨은 힘과 장점을 누구보다 잘 안다. 그래도 어디를 가나 만인의 이목을 집중시키고 우리를 무능하고 한심한 부모로 만들지 않는 아이와 살고 싶다는 생각이 불쑥불쑥 치민다.

우리는 아이가 있어 행복하고 감사하지만 말할 수 없이 피곤하다. 우리는 늘 생각한다. 이런 아이를 키워보지 않은 사람은 이런 아이와 사는 것이 어떤지 상상도 할 수 없을 것이라고.

감정이 격한 아이의 기본 욕구

인간은 숨을 쉬고 음식을 먹고 물을 마시며 안전한 환경에서 충분히 잠을 자야 살 수 있다. 또 이런 신체적 기본 욕구 못지않게 정신적 기본 욕구도 중요하다. 정신적 기본 욕구의 예로는 이런 것이 있다.

- 애착의 욕구
- 지지의 욕구
- 자율의 욕구
- 존중과 인정의 욕구

신체적 기본 욕구와 달리 정신적 기본 욕구는 서로 충돌하고 반목하기 때문에 동시에 충족될 수 없다. 완벽한 애착관계는 완벽한 자율의 반대되는 개념이며, 외부의 지지와 지원을 바라는 마음은 자율과 독립을 방해한다. 그런데 정신건강에 필요한 욕구의 균형은 바로 이런 긴장관계에서 생겨난다.

이 말을 감정이 격한 아이를 키우는 우리 부모의 입장에서 해석해보면 애착의 욕구와 자유의 갈망, 루틴을 향한 욕망과 제약에 반항하는 갈등을 해소하는 것이 우리 목표가 될 수 없다는 뜻이 된다. 이런 긴장관계야말로 인간의 본질이기 때문이다. 긴장이 있는 곳에 에너지가 있고 내적 갈등은 변화의 원동력이다. 반항하는 충동이 아이의 발전을 돕는 힘찬 원동력이 될 수 있다. 따라서 아이의 정신적 기본 욕구를 자세히 살피고 어떻게 잘 조절할 수 있을지 고민해야 한다.

옆에 있어주세요

인간은 사회적 동물이므로 타인과 따뜻한 관계 맺기를 바라는 마음을 타고난다. 진화의 관점에서 보아도 관계의 욕망은 의미가 크다. 서로 관계를 맺으며 돕고 의지하지 않았다면 인간은 절대 생존하지 못했을 것이다. 인간의 아기는 혼자 살 수 있을 때까지 많은 시간이 걸린다. 따라서 인간의 애착 시스템은 어린 시절 보호자(대부분은 부모)와의 경험을 바탕으로 발달한다. 안정과 신뢰를 주는 애착이 생겨나려면 일단 아이 곁에 있어주어야 하지만 아이의 스트레스 신호에 반응하는 기민함도 그에 못지않게 필요하다. 아이가 울 때 즉각 사랑으로 적절하게 대응해준다면 아이는 타인과 세상을 믿을 수 있고, 이를 바탕으로 강인하게 살아갈 수 있다. 이것을 두고 '기본 신뢰basic trust'라고 부른다. 감정이 격한 아이들은 남보다 강한 애착 욕구를 갖고 태어나기 때문에 평균 이상의 신체적 접촉을 하고 섬세하게 보살핌을 받아야 안전하다고 느끼며, 그 욕구가 신생아 때를 지나서도 오래 지속된다.

분명하게 해주세요

엄마 배 속에 있을 때는 엄마의 자궁벽이 동작을 제약하는 세상의 경계로 이 안에서 안정을 찾았다. 감정이 격한 아이들은 세상 밖에 나온 후에도 분명한 경계에 대한 욕망이 강하다. 그래서 포대기로 업거나 안고 다니면 더 좋아하고, 속싸개로 싸거나 수유 쿠션에 폭 집어넣어 두면 잠을 더 잘 잔다. 조금 더 자라면 아이가 명확한 루틴을 원하는 이유 역시 비슷하다. 따라서 아이가 신뢰할 수 있는 명확한 하루 일과를 제시하고, 다정하고도 단호하게 행동에 경계를 긋는 양육 방식이 아이에게 안정감을 줄 수 있다.

"내 일은 내가 알아서 해요"

잘 살펴보면 아이들도 자기 일상을 능동적으로 만들어간다는 사실을 알 수 있다. 어떤 딸랑이를 원하는지, 지금 놀고 싶은지 쉬고 싶은지, 엄마 품이 좋은지 바닥에 눕고 싶은지 아이는 명확하게 의사를 전달한다. 옷을 입을 때는 팔을 들어 도와주기도 하고 기저귀를 갈기 싫으면 거칠게 버둥거린다. 특히 반항기(반항기엔 유아기의 제1반항기와 청소년기의 제2반항기가 있다. 2~4세경에 나타나는 제1반항기는 언어 습득 후 내적 세계가 풍부해지고 자신을 의식하게 되면서 자기주장 같은 일종의 완고함이 두드러지는 게 특징이다. –옮긴이)라 부르는 자율기가 시작되면 자신의 의지를 적극 표현하고, 자유와 자기결정의 권리를 힘껏 요구한다. 감정이 격한 아이들은 이 시기에 특히 자기결정의 욕구가 크고, 나이가 들어서도 자유를 제약하는 권위와 위계질서에 강력하게 반발한다. 따라서 이런 아이들은 그들의 강한 의지를 인정하고 그들의 독립심과 호기심에 "No"보다는 "Yes"를 더 많이 말해줄 수 있는 환경에서 자유와 자기결정의 욕구를 충분히 실현하며 자라야 한다.

감정이 격하다고? 그것뿐이야?

이 책의 핵심 메시지는 '정상 아동'의 범위를 확대해야 한다는 것이다. 정상 행동의 범위는 우리 생각보다 훨씬 넓다. 모든 아이가 돌만 지나면 혼자서 잘 자는 것이 아니다. 모든 아이가 세 살이면 어린이집에 잘 적응하고, 네 살이면 화를 잘 참으며, 일곱 살이면 하루 5시간씩 조용히 앉아서 공부를 할 수 있는 것이 아니다. 감정이 격한 아이들은 대부분 이 모든 일을 잘하지 못한다. 그러나 그렇다고 해서 그 아이들이 비정상이라거나 치료를 받아야 한다는 뜻은 결코 아니다. 지극히 정상 아동으로 자라는 길은 정말이지 수 없이 많다. 이 얼마나 안심되는 말인가!

물론 심한 불안과 자제할 수 없는 분노, 극심한 우울감과 충동 조절의 어려움이 정확한 진단과 치료가 필요한 의학적 혹은 심리학적 문제인 경우도 있다. 그러니까 아이가 남들과 달라서 힘들어 하는 것이 느껴진다면 혹은 아이의 행동을 보며 걱정이 앞선다면 일단 전문가에게 문의할 필요가 있다. 어떻게 할지는 우선 진단을 받고 나서 결정해도 된다. 예를 들어 아이가 생후 몇 개월이 지나도 혼자서 잠을 잘 못 잔다면 수면치료실 같은 곳에 가서 수면장애 진단과 함께 치료를 받아볼 수 있다(참고로, 감정이 격한 아이는 절대로 혼자서 잠을 잘 수 없다). 그러나 설사 그런 진단을 받는다고 해도 너무 놀라지 않아도 된다. 의학의 냄새를 풍기는 진단을 받았다고 해서 꼭 실질적인 치료가 필요하다는 뜻은 아니니까.

물론 충동적이고 예민하고 감정이 격한 특징 말고도 친구들보다 지능이 크게 높을 수도 있다. 또 인지장애나 주의력결핍장애, 자폐증 등 추가로 문제가 나타날 수도 있다. 그럴 땐 전문 진단과 치료가 꼭 필요할 테지만, 그때에도 이 책은 귀한 자료가 될 수 있다. 특별한 지원 및 치료가 필요하다고 해도 감정이 격한 아이는 감정이 격한 아이이다. 그 아이가 무성한 감정의 수풀을 헤쳐 나가려면 반드시 부모의 이해와 지원과 조건 없는 사랑이 있어야 한다. 그런 의미에서 이 책이 제시할 정보는 아픈 아이의 부모들에게는 물론이고 건강한 아이의 부모들에게도 많은 도움이 될 것이다.

감정이 격한 것인가,
예민한 것인가, 까탈스러운 것인가?

우리 아이가 왜 이렇게 특별한지 이유를 찾다 보면 두 가지 개념을 자주 마주하게 된다. 한시도 엄마한테서 안 떨어지려 하고 사사건건 까탈을 부리는 아이들을 흔히 '까탈스러운High Needs 아이'라고 부른다. 이 말은 미국의 소아과 의사 윌리엄 시어스William Sears가 처음 사용한 개념으로, 심한 불안감으로 부모에게서 떨어지지 않으려 하고 자꾸 엄마 젖을 찾고 밤에도 푹 자지 않는 아기의 상태를 일컫는다. 그래서 이 개념은 나이를 조금 더 먹은 아동에게는 사용하기 힘들다. 또 한 가지는 HSP다. '아주 예민한 사람'을 뜻하는 HSP는 Highly Sensitive Person의 약자로 심리학자 일레인 아론Elaine N. Aron 박사가 처음 사용한 개념이다. 아이가 나이가 들어서도 계속 감정의 롤러코스터를 타면 '지나치게 성격이 예민해서 그렇다'는 말을 많이 한다. 그렇다면 '격한 감정'은 이 두 개념의 동의어일까?

겹치는 지점은 있다. 감정이 격한 아이는 아기일 때 까탈스러운 아기의 특성을 보인다. 하지만 감정이 격한 아기라고 해서 모두 까탈스러운 것은 아니며 까탈스러운 아기가 나중에 자라서 꼭 격한 감정을 표출하는 것도 아니다.

지나치게 예민한 성격도 마찬가지다. 감정이 격한 아이들은 대부분 예민하다. 하지만 내가 말하는 격한 감정은 예민함의 정도를 넘어선다. 감정이 격한 아이들에겐 예민함 말고도 다른 특징이 추가된다. 예를 들면 에너지가 넘치고 과도하게 활발하며 반항적인데, 이는 그냥 예민하기만 한 사람에게선 잘 나타나지 않는 특징이다. 실제로 감정이 격한 아이는 대부분 과도하게 예민하지만 그렇다고 예민한 아이들이 모두 감정이 격한 것은 아니다.

핑계가 아닐까?

학교에서, 마트에서 내 아이가 떼를 쓰면 그보다 더 창피하고 괴로운 일은 없다. 그래서 아이가 특이한 행동을 할 때마다 방패처럼 진단명을 들이밀며 변명하기 바쁜 부모가 적지 않다. "'감정이 격한 아이'라서 저도 어쩔 수가 없는 거예요." 그래서 미국에선 부모가 자기 아이를 'Spirited'라고 얘기하면 짜증 섞인 반응을 보이는 교육자들이 많다. 물론 타고난 성격이 그래서 힘들겠다고 인정은 하지만 그게 무슨 면죄부라도 되듯 모든 문제를 덮어줄 수는 없지 않은가. 심할 땐 정말로 '저 아이가 어쩔 수 없어서 저러는 걸까' 하고 의심마저 든다. 친구들 앞에서, 사람들 많은 곳에서 화를 참지 못해 뛰어다니는 행동이 무슨 자랑인가?

아이의 격한 감정이 행동의 '이유'가 될 수는 있어도 부적절한 행동의 '핑계'가 되어서는 안 된다. 물론 감정이 격한 아이에게는 다른 아이들보다 훨씬 더 많은 배려와 이해가 필요하지만 그 누구도 자기감정에 휩쓸려 타인의 경계를 침범해서는 안 된다. 부모는 이해와 공감으로 아이의 곁을 지키는 한편 아이의 공격적이고 파괴적인 충동을 긍정적 방향으로 이끌 수 있는 구체적 방안을 마련해야만 한다.

아이의 격한 감정이 행동의 '이유'가 될 수는 있어도
부적절한 행동의 '핑계'가 되어서는 안 된다.

2장

타고나는 걸까? 배운 걸까?

왜 우리 아이는 다른 아이들과 다를까?

우리 아이의 감정이 격한 것은

부모의 탓이 아니지만

그렇다고 해서 우리가 아이에게

아무 영향도 미칠 수 없다는 뜻은 결코 아니다.

아이에게 부모는 이 세상에서 가장 중요한 사람이다.

생후 몇 년간 부모는 아이의 온 세상이다.

우리가 뭘 잘못했을까?

꼬마 발레리나 17명이 나란히 서서 날렵한 동작을 취하고 있다. 그런데 우리 아이만 봉에 매달려 인상을 있는 대로 찌푸리고 있다.

사촌들이 다 예쁜 옷으로 갈아입고 카메라 앞에서 포즈를 취하고 있다. 우리 아들만 아예 카메라 쪽은 쳐다보지도 않고 더러운 티셔츠를 안 벗겠다며 버둥댄다. 유치원 실내에선 뛰면 안 된다고 해도 우리 아이만 선생님이 야단을 치든 말든 복도를 내달리고 있다.

우리 아들만, 우리 딸만 유난스럽게 말을 안 듣고 딴짓을 하면 부모는 절로 묻게 된다. '대체 왜 저러지?'

아이가 부적절한 행동을 하면 부모 책임이라고 생각하기 쉽다. 제대로 교육만 시키면 모든 아이가 규칙을 잘 지키고 적응도 잘하고 얌전히 앉아서 공부를 열심히 할 것이라며 말이다. 이런 편견 탓에 감정이 격한 아이를 키우는 부모는 스트레스가 이만저만이 아니다. 아이가 눈에 띄는 행동을 할 때마다 마치 자신이 큰 죄를 지은 것만 같다. 아이가 떼를 써도, 아이가 울어도, 아이가 까탈을 부려도 결국 다 부모 탓인 것만 같다. '부모가 되어 가지고 자기 애 하나 제대로 제어를 못 하나?'

아이가 잘못을 하면 보는 사람이 없어도 괜히 주눅이 든다. '나쁜 부모'라는 죄책감은 마트에서 혀를 끌끌 차며 우리를 비난의 시선으로 바라보는 사람들뿐 아니라 우리 스스로 함께 찍은 낙인이다.

그 결과 밤새 뒤척이며 대체 내가 무엇을 잘못했기에 우리 아이가 저 모양 저 꼴인지 머리를 싸매며 생각한다. '제왕절개를 해버릴 걸 괜히 자연분만 하겠다고 고집을 부려서 아이한테 너무 스트레스를 주었을까?' 반면 제왕절개를 했다면 '자연분만을 안 해서 그런 것일까?' '아기 때 뭐가 부족했나?' '내가 너무 불안해해서 아이가 엄마의 불안을 느낀 것은 아닐까?' '내가 너무 오냐오냐 키우는 걸까?' '내가 너무 애를 야단치나?'

그만!

스스로를 파괴하는 생각의 회전목마를 당장 멈춰라. 있지도 않은 잘못과 책임을 찾느라 아까운 시간을 낭비하지 마라. 온 세상이

손가락질을 한다고 해도 틀렸다.

절대 당신의 잘못이 아니다!

타고나는 기질

격한 감정은 억지로 끌고 올 수도, 억지로 막을 수도 없다. 타고나는 기질이기 때문이다.

관련 연구 결과를 보면 모든 신생아는 어느 정도 기질을 갖고 태어나며, 그것이 주변 세상을 어떻게 인지하는지 결정한다고 한다. 그러니까 외부 자극을 인식하고 처리하는 방식이 개인마다 다른 이유는 타고나는 기질이 각기 다르기 때문이다. 이 기질이 두뇌 신경세포가 얼마나 빨리 흥분할 수 있는지, 그로 인해 우리가 얼마나 빠른 시간 안에 흥분하고 다시 마음을 가라앉힐 수 있는지를 결정한다. 이뿐만 아니라 냄새나 맛, 소리 같은 감각들을 얼마나 강렬하게 인식하는지도 결정하며, 운동 에너지 역시 이 기질에 의해 좌우된다. 어떤 사람은 천성적으로 활동량이 많지만 또 어떤 사람은 천성적으로 꼼지락거리는 것조차 싫어한다. 타인의 감정에 반응하는 정도도 타고나는 기질에 달렸다. 상대의 표정만 봐도 감정을 짐작하는 사람이 있는가 하면 상대의 기분을 파악하기가 좀처럼 힘든 사람도 있다.

미국 하버드 대학의 심리학과 교수 제롬 케이건Jerome Kagan은 타고난 기질이 평생 동안 인성 발달에 미치는 영향을 연구했다.[1] 그는 수천 명의 신생아에게 다른 자극을 주어 아기의 반응을 살핀 결과, 생후 4개월만 되어도 아기를 세 가지 기질로 나눌 수 있다고 주장했다. 그에 따르면 신생아의 40퍼센트는 매우 안정적이어서 웬만해서는 불안을 느끼지 않는다. 이 아이들은 잘 울지 않고 잘 자고 아무나 보고 잘 웃어서 부모 스스로 능력 있는 교육자라고 쉽게 치켜세우곤 한다. 다른 40퍼센트는 조금 까다롭다. 평소에는 만족도가 높은 아기들이지만 엄마가 방에서 나가는 등의 변화가 생기면 쉽게 안정을 잃는다. 그래서 신경질적이 되기도 하지만 달래면 금방 마음의 안정을 되찾는다. 문제는 나머지 20퍼센트인데, 케이건은 이 아기들을 '반응이 강한 집단'이라고 불렀다. 아마 감정이 격한 아이의 부모가 이 아기들을 보았다면 자기 아이를 보는 듯한 기분을 느낄 것이다. 이 아기들은 자극에 강하게 반응하며 예민하고 스트레스를 잘 못 견뎌 다른 아기들보다 훨씬 많이 운다. 하지만 매우 적극적이고 호기심이 많으며 투지가 강해 다른 아기들보다 운동신경이 빠르게 발달한다.

케이건은 이 신생아들을 특히 좋아했다. 오랫동안 추적 연구를 하여 당시 '고반응성high-reactive 집단'이었던 아기들이 훗날 어떤 사람으로 자랐는지를 조사했다. 그 결과 고도로 예민하던 아기들의 기질은 평생 달라지지 않았음을 알게 되었다. 하지만 이런 기질 때문에 고통스럽게 산 사람이 있는가 하면 반대로 그 예민함과 열정을 활용하여 크게 성공한 사람도 있었다. 한 인터뷰에서 그는 이렇게 말했다. "하버드에 재직한 40년 동안 조교 200명을 고용했는데 매번 반응이 강한 사람을 골랐습니다. 그런 사람들은 철저해서 여간해서는 실수를 하지 않고 측정 데이터를 소중히 다루지요." 그러면서 이런 장담도 잊지 않았다. "만약 미국에서 우주 비행을 계획한다면 의연하고 용감한 우주 비행사는 어릴 적에 좀처럼 안정을 잃지 않던 저반응성low-reactive의 아기들일 것이고, 우주선이 공중에 떠 있도록 땅에서 살피는 기술자들은 어릴 적에 고반응성을 보인 아기들일 겁니다."[2] 물론 감정이 격한 아이가 모두 예전에 고반응성의 아기였던 것은 아니다. 고반응성인 아기가 자라서 다 감정이 격한 아이가 되는 것도 아니다. 하지만 케이건의 연구 결과는 자극에 신속하게 반응하는 예민한 아이들이 예전에도 있었고 앞으로도 있을 것이라는 사실을 말해준다. 다시 말해 그 아이들의 특별한 기질은 빨간 머리나 초록색 눈동자처럼 자연의 장난일 뿐이라는 사실을 입증한다. 특별한 기질이 눈에 띄기는 하지만 비정상은 아니라는 뜻이다.

죄가 아니다!

아이의 타고난 기질은 부모라고 해서 마음대로 바꿀 수 있는 것이 아니다. 유전자의 조화이기 때문이다. 하지만 우리의 인성은 기질만으로 결정되지 않는다. 인성은 세상을 바라보는 타고난 방식이 살면서 경험과 만나는 지점에서 탄생한다.

이 말을 감정이 격한 아이에게 적용해보면, 애당초 그 아이들의 두뇌에 무엇이든 예민하고 충동적으로 만드는 특별한 기질이 있었다는 것이다. 하지만 아이들의 인성이 어떤 방향으로 발달할지, 그런 기질을 단점으로 여길 것인지 장점으로 활용할 것인지는 유전자가 아니라 아이들이 살면서 겪는 크고 작은 경험에 달려 있다. 우리 아이의 감정이 격한 것은 부모의 탓이 아니지만 그렇다고 해서 우리가 아이에게 아무 영향도 미칠 수 없다는 뜻은 결코 아니다. 아이에게 부모는 이 세상에서 가장 중요한 사람이다. 생후 몇 년간 부모는 아이의 온 세상이다.

우리의 말이 법이고 우리의 느낌이 정답이다. 아이를 향한 우리의 생각이 아이가 자기 자신을 바라보는 시각을 좌우한다. 따라서 우리 아이가 다른 아이들과 다르다고 해서 부모 스스로 죄책감을 느낄 이유는 없다. 하지만 아이가 그 특별한 기질로 인해 힘들어하지 않고 오히려 그 기질과 더불어 잘 성장하여 행복한 삶을 살도록 도와줄 책임은 당연히 부모의 몫이다.

어린 시절 감정이 격했던 유명인 ❶

제인 구달 Valerie Jane Goodall(1934~)

걸핏하면 나무에 기어오르고 미친 듯이 책을 읽어대고 커서 아프리카의 야생동물과 같이 살겠다던 작고 활달한 소녀. 어린 시절 제인은 1930년대 영국 엄마들이 바라던 얌전하고 예의 바른 딸이 아니었다. 하지만 작가였던 제인의 어머니는 딸의 야망을 적극 지지하였다. "제인, 진정으로 원한다면 열심히 노력해 얻은 기회를 활용하고 절대 포기하지 마. 그러면 반드시 네 꿈을 이룰 수 있을 거야."

정글에 미친 딸을 기쁘게 해주려고 어머니는 제인을 데리고 극장에 갔다. 마침 제인이 좋아하는 <타잔>이 상영 중이었다. 하지만 영화가 시작되고 주인공 조니 와이즈뮬러Johnny Weissmuller가 등장하자 제인은 울음을 터트렸다. 아무리 달래도 울음을 그치지 않았기에 어머니는 하는 수 없이 딸을 데리고 나왔다. 대기실에서 딸에게 왜 울었느냐고 조용히 물었더니 제인이 대답했다. 타잔이 자기가 상상했던 모습이 아니었다고, 그래서 울었다고.

대학을 마치지 못한 제인은 비서와 웨이트리스로 일했고 그렇게 번 돈을 모아 케냐로 가는 배에 올랐다. 그곳에서 그녀는 유명한 고고인류학자 루이스 리키Louis Leakey를 만났고 그는 제인의 해박한 아프리카 지식에 탄복하여 개인 연구 조교로 일해달라고 부탁했다.

젊은 여성이 혼자 아프리카에 가서 침팬지를 연구할 수는 없다고 영국

정부가 그녀의 출국을 허락하지 않자 제인의 어머니는 자신이 동행하겠다는 뜻을 밝히기도 했다.

제인은 타고난 감각과 끈기로 사람을 꺼리던 침팬지들과 서서히 신뢰 관계를 쌓았고 덕분에 침팬지를 바로 곁에서 관찰할 수 있었다. 이전에는 그 누구도 해내지 못한 일이었다. 그녀는 눈높이를 맞추어 동물들과 교류하였고, 그들과 함께 먹고, 나무에 올라 동물의 언어를 흉내 냈으며, 대담하고 용맹하면서도 섬세하고 정서적인 그녀만의 방식으로 세계 제일의 유인원 연구가가 되었다.

임신 중 스트레스를 받아서?

감정이 격한 아이들은 어느 가정에서나 태어날 수 있다. 자식에게 지극 정성을 다하는 부부도, 먹고 사느라 자식에게 신경 쓸 여력이 없는 부부도 감정이 격한 아이를 낳을 수 있다. 오래 바라던 끝에 태어난 아이도, 피임을 깜빡 잊어 계획 없이 태어난 아이도 감정이 격할 수 있다. 태교를 열심히 한 엄마도, 임신 중에 엄청난 스트레스를 받은 엄마도 감정이 격한 아이를 낳을 수 있다. 따라서 내 아이가 감정이 격하다고 해서 '내가 혹시 임신 중에 무슨 실수를 하지 않았을까' 하며 괴로워할 이유가 없다. 엄마 배 속에서 엄청난 스트레스를 받았던 아이들이 다 감정이 격한 것도 아니다.

임신 후기가 되면 태아는 바깥에서 어떤 일이 일어나는지 상당 부분 인지한다고 한다. 그래서 고함소리나 문이 쾅 닫히는 소리를 듣고 스트레스를 받으며, 엄마가 임신 중에 계속 불안을 느끼면 태아도 같이 불안해한다고 한다. 소아과 의사 중에는 이런 긴장이 아기의 성격에 영향을 미친다고 주장하는 사람들이 많지만, 아직 과학적으로 입증되지는 않았다. 물론 어느 정도의 연관성은 부인할 수 없다. 예를 들어 정신과 의사 알리나 로드리게스Alina Rodriguez는 2008년 발표한 연구 결과에서 엄마가 임신 기간 중 배우자를 잃었을 경우 아이가 학교에 들어간 후 친구들에 비해 훨씬 반항적이고 쉽게 흥분한다고 주장했다.[3] 그러나 그런 연구 결과들도 임신 중에 받은 스트레스의 영향력에 대해서는 많은 말을 하지 못한다. 이별의 슬픔과 한부모 가정을 이끌게 된 부담은 출산과 더불어 끝나는 것이 아니기 때문이다. 게다가 눈에 띄는 행동을 하고 흥분을 잘 하는 아이가 무조건 감정이 격한 것도 아니다. 현재 상황이 편하지 않아서 모난 행동을 하는 아이도 꽤 많기 때문이다.

그렇게 본다면 임신부의 혈중 코르티솔cortisol 수치와 아기의 혈중 코르티솔 수치를 조사한 덴버 대학의 심리학과 교수 엘리시아 데이비스Elysia Davis의 연구 결과는 훨씬 더 참고할 만하다. 그녀는 심리 부담이 과중해 임신 기간 내내 스트레스 호르몬인 코르티솔의 수치가 높았던 여성이 아기를 낳을 경우 그 아기 역시 혈중 코르티솔의 수치가 높기 때문에 스트레스에 민감하게 반응한다고 주장하였다. 여섯 살이 된 그 아이들의 두뇌 스캔을 실시했더니 많은 아이의 편도체amygdala가 평균보다 크기도 크고 활동도 더 많았다. 편도체는 두뇌의 '위험 탐지기'로, 감정이 격한 아이의 경

우 편도체의 영향 때문에 남들보다 강렬한 경험을 하게 된다.[4]

이처럼 임신 중 엄마의 코르티솔 수치가 출산 후 아이의 자극 반응에 영향을 미친다는 연구 결과는, 감정이 격한 기질은 타고나는 것이지만 후성유전학(DNA는 변하지 않지만 후천적 영향으로 유전적 성질이 변하고 이것이 유전되는 현상을 연구하는 학문–옮긴이)적인 부분도 없지 않다는 사실을 말해준다. 다시 말해 감정이 격한 아이는 유전적으로 격한 감정의 기질을 타고나지만 이 유전자의 스위치가 켜질지 아닐지, 이 유전자의 힘이 얼마나 강할지는 임신 중의 외부 요인에 달린 것이다. 그럼에도 아이의 특별한 기질은 엄마 탓이 아니다. 아이의 뇌 구조를 바꿀 정도의 지속적인 스트레스는 다리를 올리고 푹 쉬면 괜찮아지는 일상적 스트레스와 다르다. 과도하게 높은 코르티솔 수치는 가까운 사람의 죽음이나 아픈 이별, 폭력을 경험하는 정도의 심각한 심리 부담 탓이다. 임신부가 어떻게 할 수 있는 상황이 아니며, 그 상황의 가장 큰 희생자는 사실 임신부 자신이다. 따라서 아이가 감정이 격하다고 해서 엄마가 자기 탓을 하는 일은 없어야 한다. 설사 아이의 성향이 고단했던 임신기의 영향이라고 해도 뇌가 다른 사람과 다르게 작동한다는 이유로 아이가 '망가졌다'거나 '남들보다 더 나쁘다'는 뜻은 아니니까 말이다.

오히려 아이의 격한 감정은 선물일 수 있다. 우리는 임신기의 힘든 스트레스를 함께 이겨냈고, 그 덕분에 스트레스뿐 아니라 삶의 아름다운 측면 역시 남들보다 더 예민하고 섬세하게 반응하고 누릴 수 있다. 다른 아이들보다 키우기 힘든 아이를 사랑과 이해로 기르는 엄마는 비난과 자책이 아니라 온 세상의 인정과 칭찬을 받아 마땅한 사람이다. 부른 배를 안고 힘든 마음을 견디고 무사히 아이를 낳았다는 것만 해도 실로 초인적인 업적이다. 그런데 이제 태어난 아이가 예민하고 스트레스에 취약한 데다 온갖 감정을 폭발한다. 이 아이를 곁에서 지키며 키워내는 엄마는 실로 영웅이 아닐 수 없다.

뇌가 다르게 작동하면

겉에서 보면 사람의 뇌는 다 똑같이 생겼다. 소뇌 앞에 위치한 뇌줄기brain stem는 진화에서 가장 오래된 뇌 부위로 생명에 필요한 모든 신체 기능을 조절한다. 공복감과 포만감, 혈액순환, 호흡, 체온은 물론이고 운동 충동과 균형 감각도 뇌줄기의 담당 업무다. 특히 극도의 스트레스 상황에서는 뇌줄기가 통수권을 행사하여 두뇌를 석기시대 이후 인류의 생존을 보장하였던 '공격 혹은 도주 모드'로 전환한다.

뇌줄기 주변으로는 변연계limbic system가 자리하고 있다. 우리의 감정이 살고 있는 뇌 부위다. 넘치는 분노와 불안과 슬픔은 물론이고 기쁨과 쾌감도 여기서 터져 나와 온몸으로 뻗어나간다. 그런데 긍정적 감정은 주로 두뇌의 왼쪽 반구에 자리하고, 어둡고 암울한 감정은 대개 오른쪽 반구에 자리한다. 뇌줄기와 변연계를 연결하는 부위는 감정의 센터인 편도체다. 복숭아씨처럼 생긴 이 작은 부위는 공포와 분노에 특히 예민하게 반응하며, 위험한 상황이 닥쳤을 때 뇌줄기에 '공격 혹은 도주 모드'로 전환하라는 신호를 보낸다. 편도체는 미주신경vagus nerve과 긴밀하게 결합되어 있다. 미주신경은 두뇌에서 시작된 감정을 폐와 심장, 위를 거쳐 온몸으로 전달하는 역할을 한다.

변연계 위쪽에 자리한 신피질neocortex은 진화 단계에서 상대적으로 늦게 형성된 부위로 합리적 판단을 담당한다. 우리는 이 부위의 도움을 받아 생각하고 성찰하며 결정을 내린다.

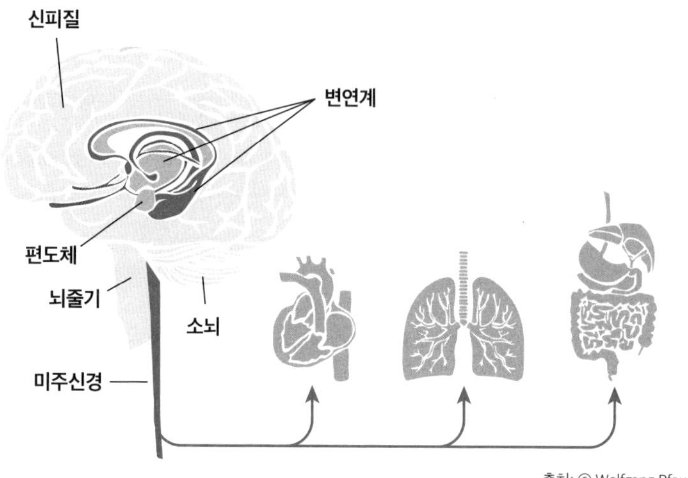

출처: © Wolfgang Pfau

감정이 격한 아이들의 경우 '두뇌 알람 장치'인 편도체가 남들보다 과도하게 예민하다. 이 때문에 마음을 가라앉히려면 외부의 도움이 더 많이 필요하다.[5]

이렇듯 두뇌의 구조는 모두 같지만 사람마다 신경세포의 연결은 다 다르다. 앞서 소개했던 제롬 케이건은 아이의 고반응적 기질이 예민한 편도체 때문이라고 주장했다. 남들보다 예민하다 보니 스트레스가 조금만 생겨도 자꾸만 뇌줄기에 비상 모드 전환을 요청한다. 감정이 격한 아이의 행동이 부모의 입장에서 보면 과민반응인 이유도 바로 그 때문이다. 이 아이들이 아무것도 아닌 일에 난리가 난 것처럼 행동하는 이유는 아이의 편도체가 아무것도 아닌 일에 난리가 난 것처럼 반응하기 때문이다. 그래서 아무것도 아닌 일에 뇌줄기가 '공격 혹은 도주 모드'로 전환되고, 아이로서는 때리고 울고 고함을 지르거나 달아나 몸을 숨기는 수밖에 다른 방도가 없다. 케이건의 이론에 따르면 감정이 격한 아이가 스트레스에 민감한 이유는 또 있다. 평소에도 스트레스 호르몬인 코르티솔와 노르에피네프린norepinephrine의 혈중 농도가 항상 남들보다 살짝 높기 때문에 스트레스 호르몬이 조금만 더해져도 금방 위험 수치에 도달하여 변연계가 격한 반응을 보인다. 80퍼센트의 다른 아이들은 혈중 코르티솔 농도가 0이기 때문에 갑자기 수치가 높아진다고 해도 견딜 수 있는 여력이 충분하다.

감정이 격한 아이의 경우 편도체와 두뇌 좌우 반구의 연결이 남들과 다르다는 연구 결과는 특히 흥미롭다. 케이건은 반응이 강한 아기의 편도체는 오른쪽 반구와 더 빨리, 더 강하게 결합한다고 주장했다. 두뇌의 오른쪽 반구는 불안, 스트레스, 공포의 센터가 있는 곳이고, 왼쪽 반구는 기쁨과 관심, 애정이 깃든 곳이다. 기질이 서로 다른 네 살 아이들의 뇌류를 측정한 결과도 그의 주장을 뒷받침한다.[6]

신체 접촉과 사랑의 힘

감정이 격한 아이의 부모는 이런 연구 결과를 접하고 마음이 복잡해진다. 한편으로는 이해할 수 없는 아이의 감정 폭발이 신체상 이유라니 안도가 되지만 또 한편으로 아이가 기쁨과 애정보다 공포와 스트레스에 더 강하게 반응한다니 기운이 쑥 빠진다. 따라서 나는 이 잠깐의 신경생물학 산책을 마치며 다시 한번 미주신경의 역할을 강조하려 한다. 멀리까지 가지를 뻗은 이 신경 시스템은 온몸으로 감정을 실어 날라서 무서우면 심장이 더 빨리 뛰고 위가 수축하며 호흡이 가빠지게 만드는 일을 한다. 그러나 거기서 그치지 않고 거꾸로 신체의 신호를 다시 뇌로 실어 날라서 극도로 흥분한 두뇌 신경세포가 다시 안정을 찾는 데 상당한 기여를 한다. 그러니까 미주신경의 활약 덕분에 몸이 안정을 되찾으면 뇌도 다시 긴장을 풀고 느긋해지는 것이다.

따라서 감정에 휩쓸린 아이를 절대 혼자 두지 말아야 한다. 도움이 없으면 아이들은 절대 혼자 미주신경을 조절하여 몸과 마음을 안정시킬 수 없다. 남들보다 몇 배는 더 격한 감정에 사로잡히는 우리 아이는 더 말할 필요도 없다. 감정이 격한 우리 아이에겐 특별히 더 애정 어린 동행이 필요하다. 이때는 말보다 부드러운 신체 접촉이 효과적이다. 미주신경에 닿아 마음을 가라앉히는 힘은 이런 신체 신호에서 오기 때문이다. 흥분한 아이를 혼자 두어 스스로 자제력을 키우게 한다는 생각은 오히려 역효과를 불러온다. 부모의 위로가 없으면 신체의 스트레스 지수가 점점 더 치솟아 미주신경도 어떻게 손쓸 도리가 없다. 반대로 소리 지르고 울고불고 악을 쓰는 아이를 부모가 품에 꼭 안아 머리를 쓰다듬으며 위로의 말을 건네면 그 순간은 물론이고 장기적으로도 아이의 미주신경이 아주 튼튼해진다. 그리고 그 굳건한 미주신경을 활용하여 앞으로는 외부의 도움이 없어도 자신의 마음을 달랠 수 있게 된다. 건강하고 행복한 삶의 필수 요건인 감정조절능력, 다시 말해 위기 상황에서도 스스로 스트레스를 떨치고 안정을 되찾는 능력이 생기는 것이다.

감정이 격한 아이는 남들보다 이런 능력을 키우기가 힘들므로 스스로 스트레스 상황을 빠져나올 수 있을 때까지 더 많은 동행과 지원과 위로가 필요하다. 부모 입장에서는 옆에서 아무리 위로를 해줘도 어차피 그칠 때가 되어야 울음을 그치니 굳이 옆에 있어줄 필요가 있을까 하는 생각이 들 수도 있다. 아무리 달래봤자 소용 없다는 자괴감이 자꾸 든다. 하지만 눈에 보이지는 않아도 부모가 곁을 지키느냐 아니냐에 따라 아이의 신체와 뇌는 엄청난 차이를 보인다. 영국의 아동심리치료사 마고 선더랜드Margot Sunderland는 이를 '육아의 과학The science of Parenting'이라고 부른다.[7]

감정이 격한 아이는 어디에나 있다

아이가 울고 떼를 쓰고 말을 안 들으면 부모가 너무 버릇없이 키운 게 아니냐는 의심을 많이 한다. "예전에는 먹고살기 바빠 애들 돌볼 시간이 없었는데도 애들끼리 잘만 컸다"면서 "이게 다 먹고 살 만해져서 생긴 문제"라고 혀를 차는 어른들도 많다.

하지만 이런 주장은 전혀 근거가 없다. 독일의 심리학자 하이디 켈러Heidi Keller와 그녀의 팀이 여러 문화권을 대상으로 조사한 결과 모든 문화권에서 아동 7명 중 1명은 다른 또래 친구들과 다르다는 결론을 내렸다. 사냥과 채집으로 살아가는 아프리카 사막의 원시 부족에서도 다른 아기들에 비해 예민하며 자극에 민감한 아기들이 태어난다. 이 아기들은 또래 친구들보다 더 많이 울고 더 달래기 힘들지만 매우 활동적이고 호기심이 많으며 끈기가 대단하다.

그러니까 서로 다른 문화권이 보이는 차이는 감정이 격한 아이들의 존재 여부가 아니라 그 아이들을 대하는 방식에 있다. 아기가 많이 울면 귀신이 들렸다고 믿는 부족이 있는가 하면, 예민한 아기들을 성스럽게 여기는 집단도 있다. 별난 아이를 평범하게 만들기 위해 체벌을 가하는 사회가 있는가 하면 아이의 욕구에 열심히 관심을 기울이는 사회도 있다.

이렇듯 세계 어디서나 감정이 격한 아이들이 태어나는 것을 보면 그 기질은 진화의 측면에서 볼 때 결코 약점이 아니다. 만일 그 기질이 생존에 불리한 치명적 단점이었다면 그 기질과 관련된 유전자가 지금껏 살아남지 못했을 테니 말이다. 어떤 환경에도 잘 적응하여 무리 없이 일상을 살아가는 친구들에 비해 불리해 보일 수는 있겠지만 이들의 '슈퍼 감수성High sensitivity'에는 심오한 의미가 있다. 소아과 의사이자 교육심리학자인 헤르베르트 렌츠 폴스터Herbert Renz-Polster는 그 의미를 이런 말로 요약했다. "자연은 모든 종에서 의도적으로 일정 정도의 차이를 만들어낸다. 고도로 발달한 공동체 생활을 하는 인간의 경우 이 차이가 극단적으로 나타난다. 이들 무리가 우리 공동체를 살찌운다. 우리를 강하게 만드는 것은 바로 이런 차이 때문이다. 인류는 서로 다른 구성원들을 통해 유연성을 잃지 않고 다양한 방식으로 유지될 수 있어야 생존이 가능하다."[8]

우리 조상들의 삶을 한번 상상해보라. 서로 다른 연령대의 사람들 30~50명이 모여 살면서 함께 아이들을 키우고 적을 막고 식량을 조달하였다. 그러자면 전혀 다른 유형의 사람들이 필요했을 것이다. 정서적으로 안정된 침착한 성품의 남녀는 위험한 상황에서도 구성원들이 흥분하지 않고 침착하게 대처할 수 있게 도왔을 것이다. 또 한편으로는 용맹하고 끈기 있는 사람들이 있어야 카리스마 있게 집단을 이끌고 주변을 탐색하여 식량을 구할 수 있었을 것이다.[9]

감정이 격한 아이들은 절대 둥글둥글한 성격이 아니므로 어디에나 쉽게 적응하는 구성원이 되지는 못할 수 있다. 하지만 그들만의 기질로 그들만이 할 수 있는 특별한 역할을 맡아 공동체에 기여한다. 그들의 뜨거운 심장과 열정과 에너지와 공감 능력이 공동체의 한 축을 담당한다. 부족 전체에 감정이 격한 사람뿐이라면 그 부족은 얼마 못 가 망하고 말겠지만, 감정이 격한 구성원이 하나도 없는 부족 역시 원활하게 돌아갈 수 없을 것이다. 격한 감정은 다른 특징에 비해 드물게 나타나지만, 그런 기질이 전혀 없는 공동체는 존재하지 않는 것으로 미루어 볼 때 희귀종 기질은 아니다. 인류에게 어느 정도의 격한 감정이 필요한지는 자연이 잘 알아서 조절해주는 것 같다. 감정이 격한 사람들은 소금과 같다. 인류 공동체라는 수프에 감칠맛을 더하는 양념이다.

어린 시절 감정이 격했던 유명인 ❷

스티브 잡스 Steve Jobs(1955~2011)

그는 태어나자마자 평범한 미국인 부부에게 입양되었다. 어머니는 가정주부였고 아버지는 기술자였다. 부부는 아들 하나, 딸 하나를 입양하면서 화목한 가정을 꿈꾸었다. 그러나 스티브는 부모의 예상을 뒤엎었다. 걸핏하면 반항을 했고 한시도 가만히 있지 않았다. 감정도, 생각도 남들과 달라서 어디를 가나 문제를 일으켰고, 학교도 안 가고 친구도 없었으며 혼자 집에서 전기기계를 조립하고 놀았다. 하지만 바로 그런 비규범적인 성품이 세계적 성공의 문을 연 열쇠였다. 학창 시절 그는 다른 사람의 이름을 대고 휴렛 패커드Hewlett Packard의 설립자 빌 휴렛Bill Hewlett과 전화통화를 했고, 덕분에 방학 동안 그 회사에서 인턴으로 일할 수 있었다. 그는 늘 삶의 의미를 물었고 자신의 뜨거운 감성과 깊은 생각을 담을 수 있는 더 큰 틀을 원했다. 이를 위해 영적 분위기의 히피 집단과 어울렸고 미술 공부를 시작했다 금방 접었으며, 깨달음을 얻기 위해 인도로 떠났다. 부모는 무조건 아들을 지원했다. 아들이 왜 그러는지 이해할 수 없었지만 빚까지 내가며 아들을 후원했다.

그리고 마침내 1976년 애플이 탄생했다. 세상을 바꾸겠다는 원대한 목표 하에 설립한 회사였다. 잡스는 컴퓨터 업계의 대다수가 그렇듯 기계광이었지만 거기서 멈추지 않았다. 그는 감각적 체험에, 기계가 전달하는 감정에 주목했다. 지성적 기술은 물론이고 감성적 차원에서도 고객에게 확신을 주고자 했다. '애플의 제품은 모양도 예쁘고 느낌도 좋고 소리도 경쾌해야 한다. 또 전선을 숨겨 깨끗한 느낌을 주어야 한다. 보기 흉한 상자가 아니라 디자인 제품, 즉 아름다움 그 자체여야 한다.' 바로 이런 기술력과 전체적 사고의 결합이 성공의 비결이었다. 애플은 세계적인 기업으로 성장했고 잡스는 전 세계 삐딱이들의 롤 모델이자 선구자가 되었다. 그리고 1997년에 나온 그 유명한 애플의 광고 문안처럼 그는 그 선구자의 역할을 흔쾌히 떠맡았다.

"여기 미쳤다는 말을 들었다는 사람들이 있습니다. 그들은 부적응아였고, 반항아였으며, 문제아였습니다. 그들은 네모난 구멍에 맞지 않는 둥근 못이었습니다. 그들은 세상을 다르게 바라보았습니다. (…) 그들이 인류를 앞으로 나아가게 합니다. 어떤 사람들은 그들에게서 미치광이를 보지만 우리는 그들에게서 천재성을 봅니다. 세상을 바꿀 수 있다고 생각할 만큼 미친 사람만이 그 일을 할 수 있기 때문입니다."

감정이 격한 아이들이 늘어난다?

일정 비율의 아기들이 격한 감정을 타고난다면 전 세계 인구 중 감정이 격한 사람의 비율은 항상 같아야 한다. 하지만 요즘 부쩍 그런 아이들이 늘고 있다는 말을 자주 듣는다. 유치원과 학교를 가리지 않고 최근 들어 예민하고 충동적인 아이들 다수가 눈에 띈다고 말이다. 이유가 무엇일까?

앞서도 말했듯 우리의 인성은 유전적 기질과 사회화 과정이 결합되어 형성된다. 요즘 부모의 양육 방식은 훈육과 억압보다는 격려와 지원 쪽에 더 가깝다. 실제로 이것은 새로운 현상이다. 앞선 세대의 부모는 아이의 인권이나 존엄성에 관해 생각해 본 적이 별로 없다. 지금처럼 아이의 재능과 성향을 크게 고민해본 적도 없었고, 아동 발달과 인간 두뇌의 성숙 과정, 부모 자식의 애착과 신뢰가 인성 발달에 미치는 영향력에 대해서도 많이 알지 못했다.

그래서 요즘 세대의 부모가 아이에게 쏟는 정성과 관심이 과하다고 보는 전문가도 있다. 이렇게 아이를 떠받들어 키우다가는 자기밖에 모르는 이기주의자가 양산될 것이라는 우려가 나오기도 한다. 하지만 나는 지금과 같은 추세가 아이에게는, 특히 감정이 격한 우리 아이에게는 엄청난 행운이 아닐 수 없다고 생각한다. 요즘 부모는 아이를 억지로 한 줄에 세우려고 하지 않는다. 아이만의 특수한 기질을 이해와 조건 없는 사랑으로 지지한다. 덕분에 감정이 격한 우리 아이도 예전처럼 계속되는 꾸지람에 주눅 들지 않고 하고 싶은 것을 마음껏 할 수 있고 타고난 잠재력을 활짝 펼칠 수 있다. 감정이 격한 아이를 키우는 부모로서는 더할 나위 없이 반가운 변화이다.

어린 시절 감정이 격했던 유명인 ❸

아스트리드 린드그렌 Astrid Lindgren(1907~2002)

"내 안에서 생명을 느껴요." 마디타(아스트리드 린드그렌의 동화 《마디타》의 주인공 이름-옮긴이)가 외친다. 그녀는 어린 시절의 아스트리드 린드그렌과 크게 다르지 않다. 마디타는 예민하고 투지가 강하고 모험심이 넘치며 감정적인 아이이다. 세상의 모든 자극을 온 마음으로 흡수하고 자연을 살아 있는 친구로 느끼며 교회에서 노래를 부르다가 울음을 터트리고 크리스마스 때는 너무 좋아 심장이 터질 것만 같다.

아스트리드 린드그렌은 나이 많은 유부남과 사랑에 빠져 아이를 낳았고 그 아이를 입양 보냈다. 슬픔을 견디기 위해 시작한 글쓰기는 평생의 업이 되었다. 수많은 책에서 그녀는 감정에 충실할 수 있었던 어린 시절의 왕국으로 돌아갔다. 그녀가 창조한 주인공인 개구쟁이 미셸, 반항 소녀 삐삐, 말 안 듣는 꼬마 닐스 칼손, 반항적이지만 섬세한 마디타는 그녀가 그러했듯 감정의 물결에 흠뻑 빠진 캐릭터였다. 이들의 이야기가 너무나 사실적이고 심오하기에 그녀가 쓴 책은 베스트셀러가 되었고, 그녀는 세계에서 가장 인기 있는 아동문학 작가로 발돋움했다. 훗날 그녀는 행복했던 어린 시절의 추억과 그 시절의 무한한 자유 그리고 부모님의 사랑이 힘의 원천이었노라고 고백했다.

바라던 아이상을 버려라

아기를 바라는 예비 부모라면 나름 꿈꾸는 아이의 이미지가 있을 것이다. 일단 딸인지 아들인지 상상할 것이고 엄마를 닮을지 아빠를 닮을지 궁금할 것이다. 예쁘고 똑똑하고 명랑한 아이였으면 좋겠다고 아마 부모 대부분이 바랄 것이다. 아이를 유모차에 태우고 첫 나들이하는 순간을 상상하고, 아이가 처음으로 엄마와 아빠를 부르는 장면을 떠올릴 것이며, 아이에게 손수 끓인 이유식을 떠먹이고, 공원에 가서 오리에게 먹이를 주고, 아이의 머리를 땋아주고, 아이의 손을 잡고 유치원 입학식에 가는 꿈을 꿀 것이다. 온 가족이 환하게 웃고 있는 가족사진, 그것이 모든 부모가 바라는 가정의 모습이다.

이런 꿈을 이미 이룬 부모도 있다. 하지만 꿈에 그리던 아이와 가정의 모습을 포기하는 부모도 있다. 아이가 죽어도 유모차를 안 타겠다고 버둥대고, 볼에 뽀뽀라도 할라치면 짜증을 내고, 정성을 다해 끓인 이유식을 뱉어내기 때문이다. 변화를 죽기보다 싫어해서 집 밖으로 나가기만 하면 악을 쓰고 울어대고 카메라를 들이대면 고개를 획 돌려버린다.

감정이 격한 아이를 키우는 수많은 부모가 가장 힘들어하는 것이 바로 이것이다. 바라던 아이, 꿈꾸던 이상형의 아이를 놓아주는 것. 한 번도 존재한 적 없었으나 이미 마음에 둥지를 튼 그 기대를 이제 그만 포기하는 것. 대신 현실의 아이를 조건 없이 사랑하고 인정하는 것. 그것이 뭐 그리 힘드냐 하겠지만, 그렇지 않다. 너무나 힘든 일이다. 감정이 격한 아이는 나이를 먹어도 부모의 기대와 다르게 행동한다.

그런 아이를 키워본 적 없는 부모는 좀처럼 이해하기 힘들다. 온 가족이 카메라를 보며 활짝 웃는 가족사진이 한 장도 없다는 것이 얼마나 괴로운 일인지 그들은 짐작하지 못한다. "사진이야 또 찍으면 되죠. 애가 어디를 보건 뭐 그리 신경을 쓰세요." 그들은 참 쉽게 말한다. 하지만 그냥 사진 한 장이 아니다. 수천 걸음 멀어지는 작별이다. 온 가족이 평화롭게 부엌 식탁에 앉아 레고를 갖고 노는 시간과의 작별이다. 아이는 한시도 가만히 있지 못하고, 끈기 있게 레고 조각을 맞춰나가지도 못한다. 예쁘게 땋은 머리와 즐거운 생일파티와의 작별이다. 아이는 머리를 다 땋을 때까지 기다리지 못하고, 생일파티는 결국 울음과 비명과 고함으로 막을 내린다.

그러나 꿈꾸었던 아이의 모습이 아니라서 느끼는 실망과 슬픔을 양심의 가책으로 느끼며 억지로 외면하지 말고 인정하고 받아들여야 한다.

- 실망해도 괜찮다.
- '이랬더라면 어땠을까?'라는 생각은 누구나 한다.
- 인간이라면 누구나 바람과 소망이 있다.
- 이상형에 가까운 모습의 아이를 키우는 부모가 부러운 건 당연한 마음이다.
- 그러나 이 모든 감정이 우리 아이 때문은 아니다.
- 아이가 엄마나 아빠가 기대했던 모습과 다른 것은 그 아이도 어쩔 수 없는 일이다.
- 아이는 부모에게 기대하라고 시키지 않았다.
- 부모의 실망과 고통이 아이의 책임은 아니다.
- 아이는 있는 그대로 옳다.

기대가 무너졌다고 해도 현실의 아이를 사랑하고 이해하기 위해서는 자신의 실망을 억지로 외면하거나 비난하지 말고 정확히 인식해야 한다. 하지만 실망의 원인을 아이와의 관계에서 찾아서도 안 된다. 우리를 실망시킨 것은 아이가 아니라 우리의 기대이다.

무너진 기대를 한껏 애도한 후 놓아버리면 이제 그 빈자리에 행복과 감사의 마음이 들어설 것이다. 꿈이 아니라 멋진 현실인 우리 아이가 있어 행복하고 감사하다는 마음이 찾아올 것이다.

감정이 격한 아이의 부모가 명심해야 할 5가지

1. 당신은 혼자가 아니다!
2. 당신 탓이 아니다!
3. 아이 탓도 아니다!
4. 다르다는 것은 정상이다!
5. 아이의 격한 감정과 가정의 행복은 무관하다!

처음부터 다르다

감정이 격한 아이는 아기일 때부터 또래 친구와 다르다. 너무 예민해서 쉽게 흥분하고 친구들보다 자주 울고 떼를 많이 쓰며 잠을 잘 자지 않고 엄마한테서 절대 안 떨어지려고 한다. 하지만 그 못지않게 영민하고 똑똑하며 운동신경이 좋고 활동적이다.

그렇게 욕구가 강한 아이를 키우자면 당연히 힘이 배로 든다. 태어날 때부터 외부 자극에 매우 민감하고 쉽게 잠들지 않고 한시도 보호자와 떨어지지 않으려 해서 부모에게 잠시도 쉴 틈을 주지 않기 때문이다. 다른 아기들처럼 자기 발을 빨며 혼자서 놀거나 새근새근 잠을 자는 시간이 도무지 없다. 수많은 새로운 자극을 소화하려면 지속적인 도움이 필요하며 부모의 신체 접촉이 있어야 이 온갖 감정의 파도를 헤쳐나갈 수가 있다. 따라서 이 아이들이 좋아하는 장소는 딱 네 곳뿐이다. 부모의 팔 안, 포대기 속, 부모와 함께 누운 큰 침대, 부모의 가슴.

저항해봤자 소용없다

아이의 까다로운 요구를 처음부터 받아주기란 쉽지 않다. '우리가 안 받아주면 포기하고 혼자서 잘 하겠지.' 대다수 부모가 처음에는 이렇게 생각한다. '오냐오냐 다 받아주면 더 떼를 쓸 거야.' 이렇게도 생각한다. 우리 사회엔 이렇게 생각하는 사람들이 의외로 많다. 사실 우리도 그런 식의 교육을 받고 자랐다.

하지만 우리는 잘 알고 있다. 아이의 몸과 마음이 건강하게 자라려면 정반대로 생각해야 한다는 것을 말이다. 부모가 아이의 신호에 다정하게 반응하고 아이가 원하는 것을 즉각 성실하게 들어줄 경우 아이의 버릇이 나빠지는 것이 아니라 부모를 향한 기본 신뢰와 애착이 형성된다. 넘치는 사랑과 신체 접촉이 아이를 그르친다는 생각은 틀렸다. 혼자 잘 노는 아이도 그렇지만 특히 부모의 품에서 절대 떨어지지 않으려는 아이에겐 관심과 애정만큼 절실한 것이 없다.

물론 이 아이들도 익숙해질 수 있다. 부모가 아이의 강한 욕구를 들어주지 않고 울어도 달래주지 않으며 배가 고파도 젖을 주지 않고 잠투정을 해도 재워주지 않으면 언젠가 울음을 그칠 것이다. 혼자서도 마음을 추스를 수 있어서가 아니라 체념했기 때문이다. 우리 세대 대부분은 그렇게 자랐고, 그렇다고 해서 모두가 큰 상처를 입지도 않았다. 인간은 놀랄 정도로 강하고 회복탄력성이 뛰어나다. 하지만 그렇다고 해서 아이를 그리 대해도 될까? 발달심리학의 관점에서 보아도, 도덕적 관점에서 보아도 그렇지 않다. 어떤 인간도 기본 욕구를 무시당하거나 거부당해서는 안 된다. 아무리 어린아이라고 해도 말이다.

요구가 많은 아이의 결을 지키는 가장 간단하지만 동시에 가장 어려운 길은 최소한의 저항이다. 즉, 아이를 바꾸려 하지 말고 있는 그대로 받아들여라. 너무 오냐오냐 키우는 건 아닌지 괜히 걱정하지 않아도 된다. 아이의 요구를 가능한 한 들어주는 것이 최선이다. 특히 까탈스러운 아이는 아무리 많이 업어주고 안아주고 어르고 달래도 괜찮다. 사랑에는 상한선이 없다. 사랑을 받고자 하는 욕망 역시 상한선이 없다. 특히 감정이 격한 아이라면.

아이의 울음을 경청한다

우리 할아버지 세대는 '아이는 당연히 운다'고 여겼다. 아이가 우는 건 별일이 아니니 아이가 울 때마다 벌떡 일어나 달려갈 이유가 없다고 말이다. 요즘 부모 세대는 생각이 다르다. 아이는 그냥 울지 않는다. 우는 데엔 다 그만한 이유가 있다. 따라서 요즘 부모들은 우는 아이를 안아주고 달래주면서도 버릇없이 키운다는 죄책감을 느끼지 않는다. 대신 다른 죄책감이 마음에 둥지를 튼다. '아이의 욕구가 해결되지 못해 우는 것이라면, 아이가 계속 울고

보채는 것은 부모가 무언가 잘못했기 때문은 아닐까?'

그렇지 않다. 물론 평균적으로 볼 때 부모가 세심하게 살펴 즉각 신호에 반응하면 아이가 덜 울기는 한다. 그러나 모든 규칙엔 예외가 있는 법이고, 그 예외가 바로 감정이 격한 아이들이다. 독일의 행동생물학자 요아힘 벤젤Joachim Bensel은 유명한 '프라이부르크Freiburg 신생아 연구'를 통해 아기가 배고파 울면 젖을 먹이고 아기를 몸에 붙여 안거나 업고 다니며 큰 침대에서 함께 자는 등 신체 접촉과 애정으로 아기를 보살필 경우 대부분 아기의 우는 시간이 눈에 띄게 줄어든다는 사실을 입증했다. 그러나 한 집단에서는 이 모든 애정과 노력이 울음의 시간과 강도에 의미 있는 영향을 미치지 못했다. 이 아기들은 모든 자극에 빨리 반응했고 처음부터 다른 친구들보다 많이 울었다.

감정이 격한 아이를 키우는 부모에게 이 연구 결과의 의미는 명확하다. 아이의 욕구를 알아차리고 이해하려는 노력이 유익하고 또 중요하지만 다른 부모는 그런 노력을 통해 평화로운 일상을 살 수 있으나 감정이 격한 아이를 키우는 부모는 대부분 그런 보상이 돌아오지 않는다는 것이다. 아이의 울음은 부모에게 자신의 욕구를 알리려는 목적도 있지만 스트레스를 해소하는 데 효과적인 도구이기 때문이다. 감정이 격한 아기들은 태어날 때부터 주변 세상을 훨씬 강렬하게 인식하므로 이 자극과 스트레스를 어떻게든 날려버리고 싶은 욕구도 다른 아이들보다 훨씬 강하다. 그런 아기가 할 수 있는 방법이 우는 것 말고 뭐가 있겠는가?

그러므로 감정이 격한 아기의 부모는 아기가 항상 방실방실 웃어야만 부모 노릇을 잘하는 것이라는 생각을 버려야 한다. 우는 아기를 금방 달랠 수 있어야 좋은 부모라는 생각도 버려야 한다. 아기를 달래려고 아무리 노력해도, 딸랑이를 흔들고 노래를 불러주고 스마트폰으로 만화영화를 보여주고 별수를 다 써도 흥분한 아기에겐 부모의 그 모든 노력이 더 큰 자극이 될 뿐이다. 중간중간 깜짝 놀라서 잠깐 울음을 그칠 수는 있어도 다시 더 큰 소리로 울어 젖힐 것이다.

많이 우는 아이를 달래는 가장 좋은 방법은 아이의 욕구를 사랑으로 들어주는 것이다. 그러니까 부모의 품에서 실컷 울게 내버려두자. 부모가 편안한 마음으로 우는 아기를 품에 안고 아이의 울음소리에 귀를 기울이며 낮은 소리로 말을 걸거나, 아예 울음을 그칠 때까지 가만히 내버려두면 된다. 중요한 것은 마음가짐이다. 우리의 소임은 아기를 달래는 것이 아니다. 그저 곁에 있는 것이다. 그렇게 마음을 고쳐먹으면 놀라운 일이 일어난다. 처음엔 아기가 불에 덴 듯 악을 쓰며 울어 젖힐 테지만 시간이 지나면 조금씩 조용해질 것이고 부모와 눈을 맞추려고 노력할 것이다. 마치 이런 말을 하고 싶다는 듯 말이다. "나를 바라봐줘서, 내 울음소리를 들어줘서 고마워요." 잠시 후 울음소리가 점점 잦아들고 결국 아기는 편안한 표정으로 우리 품에서 잠들 것이다.

물론 우는 아기를 편안한 마음으로 지켜보기가 말처럼 쉽지는 않다. 좋은 부모라면 아기가 울 때 뭐든 해야 한다는 생각이 우리 머릿속에 깊이 뿌리를 내리고 있기 때문이다. 그러나 적극적 경청도 활동이다. 겉보기엔 아무것도 안 하는 것 같아도 애정을 품고 귀 기울여 듣는 행동도 노력 그 자체다.

사실 많은 부모가 쉽게 포기해버린다. 아무리 노력해도 아기가 울음을 그치지 않으니까 '안고 있어봤자 계속 우는데 그냥 혼자 눠여둘 테야'라고 체념한다. 이럴 때일수록 우리 부모들이 알아야 할 것이 있다. 바로 아기 혼자 우는 것과 부모의 품에서 우는 것은 엄청난 차이가 있다는 점이다. 겉보기엔 안 그런 것 같아도 흥분한 아기가 부모의 품에 안겨 있으면 신체 접촉이 없을 때보다 스트레스를 절반 정도밖에 받지 않는다. 부모의 품에서 울면 스트레스가 해소되지만 혼자 울면 스트레스가 더 상승한다. 혼자 울다가 지쳐 울음을 그치는 아기는 체념을 배우지만 부모의 품에서 울다 안정을 찾은 아기는 스트레스와 고통을 혼자 견디지 않아도 된다는 사실을 배운다. 어떤 감정이 들든 간에 항상 환영받는 편안한 장소가 있다는 사실을 배우게 된다.

감정이 격한 아이를 키우는 것은

감정이 격한 아이를 키우는 것은 엄청난 경험이다. 자부심과 기쁨, 부담과 탈진을 이처럼 동시에, 이토록 강렬하게 느낄 기회가 또 있을까 싶을 정도다. 이 아이들과 함께하면 매일매일이 모험이요, 도전이다. 아이는 한시도 가만있지 않고 모든 것에 강렬한 흔적을 남긴다. 생후 8주면 몸을 뒤집고 5개월이면 이미 기어다니기 시작한다. 잠시도 참지 못하고 엄마를 찾기 때문에 그런 대접이 황송하지만 너무나 고달프다. 신체 접촉을 바라는 욕구가 너무 강해서 계속 젖을 찾는 아이도 많다. 기분 좋을 때 거침없이 발사하는 매력적인 웃음과 무한한 기쁨은 가히 따라올 자가 없지만 이 아이들의 두뇌 시스템에는 '혼자 놀기 프로그램' 같은 건 존재하지 않는다. 감정이 격한 아기는 부모의 계획을 무참히 무너뜨린다. 낮이면 테라스 유모차에서 곤히 낮잠을 자고, 돌이 지나면 아무 문제 없이 어린이집에 적응하며, 가끔 할머니 댁에 하루 정도 맡겨도 될 것이라는 부모의 기대는 아이를 낳기 전 잠시 꾼 꿈에 불과하다. 아이는 절대 부모 곁에서 떨어지지 않는다. 선택지는 두 가지뿐이다. 끝까지 투쟁하든가 아니면 우리 아기가 남들과 다르다는 사실을 받아들이든가.

비교하지 마라

감정이 격한 아이의 부모에겐 문화센터도 마냥 달갑지만은 않다. 집에서야 우리 아이밖에 없으니 '애들은 원래 그런가 보다' 하며 살았다. 그런데 막상 문화센터에 가서 또래 아이들을 만나보면 비교가 안 될 수 없다. 세상에나! 다른 아이들을 보며 충격을 받는다. 우리 아이가 얼마나 다른지, 자신의 일상이 얼마나 고달픈지 절절히 느끼게 된다. 아기 마사지 강좌에 온 다른 아이들은 제 손을 들여다보며 혼자 잘만 논다. 우리 아이는 엄마 몸에서 떨어지려고 하지 않아 포대기를 하고 왔는데 다른 부모들은 아기를 다 유모차에 태워 편히 온다. 물어보니 아침까지 푹 자는 아이들도 많고 아무한테나 잘 가고 잘 노는 아이들도 많다. 대부분이 6개월이면 이유식을 먹는다고 하고, 아이를 데리고 시장이고 여행이고 마음대로 다닌다고 한다. 우는 일이 거의 없다는 아기들도 많다.

그런 만남으로 부러움과 자괴감이 생기는 것은 너무나 당연하다.

다른 부모는 어떻게 하기에 애들이 저토록 순할까? 내가 뭘 잘못한 걸까? 내가 너무 애한테 '오냐오냐' 하는 건 아닐까?

다시 한번 말하지만 아기들은 다 다르다. 이것이 진화의 원칙이다. 다채로울수록 강하다. 우리는 남들보다 극단적인 감정을 지닌 아이를 낳은 것이다. 당연히 많이 힘들고 남들보다 더 고단할 것이다. 특히 지금은 아이가 너무 어려 우리를 한없이 필요로 할 때다.

하지만 특별히 섬세하고 똑똑하고 창의적이고 에너지가 넘치며 사랑이 충만한 아이와 동행하는 일은 크나큰 기회이기도 하다. 그 기회를 붙드는 첫걸음은 아이를 향한 신뢰다. 우리 아이에게도 남들처럼 커서 독립하고픈 소망이 숨 쉬고 있다. 다만 거기까지 가는 길이 남다르고, 거기까지 가기 위해 필요한 장비가 남다를 뿐이다. 우리 아이가 자라나 날개를 펼치고 날기 위해서는 따뜻한 둥지와 부모의 보살핌이 다른 친구들보다 더욱더 많이 필요하다. 그러니 아무짝에도 쓸모없는 비교를 멈추고 우리는 우리 자신과 아이들에게 집중하자. 수면이든 음식이든 아이가 가리키는 길을 가만히 따라가자. 행복하고 건강한 아이로 성장하기 위해 무엇이 필요한지는 우리 아이가 정확히 가르쳐줄 테니 말이다. 절대 버릇없이 키우는 것이 아니다. 충족되지 않은 욕구는 영원히 남지만 충족된 욕구는 언젠가는 사라지기 마련이다.

"사랑을 갈구하는 아기는 우리 안에 숨은 가장 좋은 측면과
가장 나쁜 측면을 보여준다."

- 미국의 소아과 의사 **윌리엄 시어스**

집 밖으로 나가라

감정이 격한 아이를 키우는 부모는 집 밖으로 잘 나가려고 하지 않는다. 아이가 너무 나대서 남들 보기 창피하기도 하고 일상이 너무 고단해서 나갈 엄두가 나지 않기 때문이다. 그래서 적지 않은 부모들이 모든 것을 아기의 욕구에 맞춰놓은 세상에 스스로를 가둔 채 살아간다. 아이는 피곤하면 언제든 잘 수 있고 원하면 언제든 놀 수 있다. 누구도 아이의 손에서 장난감을 뺏어가거나 아이의 머리를 때리지 않는다. 처음에는 그것이 편하지만 장기적으로는 너무 외롭다. 어른은 물론이고 아이도 외롭다. 자신에게 모든 것을 맞춰주는 부모가 있으면 정말 행복하겠지만 부모와 전혀 다른 방식으로 자신을 대하는 사람들도 만나보아야 성장의 날개를 활짝 펼칠 수 있다.

친구와 우정을 맺는 경험과 능력은 부모가 가르쳐줄 수 있는 것이 아니다. 따라서 일부러라도 다른 가족과 함께하는 시간을 마련하는 것이 좋다. 기왕이면 우리 아이와 기질이 다른 아이가 있는 모임이 더 좋다. 음악 강좌에서 아이가 난리를 피운다면 운동 강좌를 찾아보면 된다. 수영장에서 1시간 내내 울기만 한다면 마사지 강좌를 한번 찾아가 보자. 아이들은 애착 욕구가 강하기 때문에 그에 맞는 강좌를 수소문해보는 것도 좋겠다.

모든 상처는 나을 수 있다

내 아이가 감정이 격한 아이라는 사실을 나중에야 깨닫는 부모들이 꽤 많다. 아이가 어린이집과 학교에 적응을 못 하는 이유를 오래오래 고민하던 중 문득 이런 깨달음이 밀려온다. '아! 우리 아이는 원래 그랬어!' 뼈아픈 깨달음 앞에서 부모는 아이에게 엄했던 자신의 지난 행동을 떠올린다. 혼자 안 자겠다는 아이를 억지로 혼자 재우고, 젖을 먹겠다는 아이에게 억지로 이유식을 떠먹이고, 부모를 따라가겠다는 아이를 억지로 할머니 집에 남겨두면서 그래야 아이가 잘 배울 수 있다고 믿었다. 그리고 이제 감정이 격한 아이의 욕구는 무시하지 말아야 한다는 글을 읽으면서 밀려드는 죄책감에 후회를 쏟아낸다. '조금만 일찍 알았더라면 그렇게 키우지 않았을 텐데!'

이들에게 나는 이 말을 꼭 해주고 싶다. 감정이 격한 아이는 예민하고 섬세하지만 또 한편 저항력이, 흔히 말하는 회복탄력성(원래 제자리로 돌아오는 힘을 일컫는 말로, 심리학에서는 주로 시련이나 고난을 이겨내는 긍정적인 힘을 의미한다. –옮긴이)이 무척 탁월하다고 말이다. 덕분에 이 아이들은 힘든 조건에서도 쉽게 무너지지 않고, 욕구가 충족되지 않더라도 꾸준히 자신의 뜻을 밀고 나갈 수 있다. 아기 때 충분히 충족되지 못한 욕구는 사라지지 않고 계속 남는다. 그것이 오히려 부모 입장에서는 다행한 일이다. 네 살 난 딸이 갑자기 엄마랑 같이 자겠다고 하고 다섯 살 아들이 다시 아기 짓을 하며 업어달라 하고 여덟 살 아들이 갑자기 마트에서 꼬마처럼 드러누워 떼를 쓰면 부모는 이 모든 행동을 기회로 삼아 아기 때와는 다른 반응으로 미처 몰라서 못 채워주었던 욕구를 든든히 채워줄 수 있다. 이렇듯 언뜻 보기에는 걱정스러운 퇴행 행동도 부모에게는 용기를 주는 계기가 될 수 있다.

애착에는 늦은 때가 없다! 모든 상처는 나을 수 있다. 우리가 아이를 이해하고 아이의 감정과 경험 세계에 관심을 기울인다면 나중에라도 아이의 욕구를 채워줄 수 있다. 그러니 자책과 죄책감으로 괴로워하지 말고 지금 이곳에서 무엇을 어떻게 해야 우리 아이들이 조건 없이 인정받고 사랑받는다고 느낄 수 있을지 고민하고 노력하자.

"더 많이 알 때까지 최선을 다하라. 더 많이 알면 더 잘할 수 있다."

- 미국 작가이자 인권운동가 **마야 안젤루**Maya Angelou

3장

우리 아이와 나

감정이 격한 아이의 부모로 사는 것

이해가 가장 좋은 길이다.

무엇보다 어른이 먼저 이해해야 한다.

아이를 위해서 그리고 자신을 위해서.

전투 모드에서 빠져나와 관계 모드로 들어설 수 있는 길이,

눈앞의 사실보다 서로를 대하는 방식이

더 중요한 관계 모드로 들어설 수 있는 길이 열릴 것이다.

섣부른 해결책은 금물

아이가 걸핏하면 울고 화가 나면 주체를 못 해서 온 가족이 돌아 버릴 것 같다면 어떤 부모든 해결책을 찾아 나설 것이다. '이 골칫덩이를 얌전하게 만들 방안이 없을까?' 여기저기에서 묘책이 쏟아진다. 수많은 교육서는 물론이고 행동치료 쪽으로 개발된 각종 교육 프로그램들이 빠른 문제 해결을 약속한다. 모두 기본 전제는 같다. 효과적인 교육을 통해 '옳은', '좋은' 행동을 가르칠 수 있다는 것이다. 바람직한 행동엔 상을 주고 바람직하지 않은 행동엔 벌을 준다. 대표적인 사례가 '칭찬 스티커 제도'이다. 어른들이 시키는 대로 잘 따라한 아이는 스티커를 받는다. 스티커를 못 받았다는 것은 옳지 않게 행동했다는 뜻이다. 오스트레일리아에서 개발되었으며 '트리플 P'로 더 많이 알려진 '긍정적 양육 프로그램Positive Parenting Program'처럼 '까다로운 아이들'을 대상으로 한 많은 교육 프로그램은 바람직하지 않는 행동을 한 아이에게 그로 인한 결과를 당연하게 받아들이도록 해야 한다고 주장한다. 물론 그 결과는 어떤 형태든 처벌의 듣기 좋은 이름에 불과하다. 그런 프로그램이 말하는 특정 행동—'조용한 의자'나 '조용한 계단'처럼 특정 장소를 정해놓고 아이를 몇 분 동안 혼자 그곳에 있게 하는 행위—의 결과는 '우산을 안 쓰고 밖에 나가면 비를 맞는다'와 같이 진짜 당연한 인과와 달리 부모가 정하여 통보하는 식이다. 이런 조치의 목적은 명확하다. 아이에게 불쾌하고 나쁜 인상을 주어 앞으로는 달리 행동하도록 만들자는 것이다. 그리고 바로 이것이 처벌의 목적이다. 아이를 아프게 하고 놀라게 하여 부모가 원치 않는 행동을 멈추도록 하는 것이다.

이런 교육 프로그램의 옹호자들은 신속한 효과를 자랑한다. 실제로 말 안 듣는 아이들을 '당근과 채찍'으로 단기간이나마 얌전하게 만든 사례는 수없이 많다. 그러나 그 결과는 무엇인가?

- 아이는 '지금의 나는 고장난 라디오처럼 정상이 아니므로 바꾸거나 수리를 해야 한다'고 믿게 된다.
- 벌을 받지 않기 위해 부모가 원치 않는 감정은 억지로 참거나 혼자 해결해야 한다고 배운다.
- 부모가 판사나 집행관 같다고 생각하게 된다.
- 정말 마음이 힘들 때 혼자 견뎌야 하므로 부모가 옆에 있어

야만 할 수 있는 일도 혼자서 해내야 한다고 믿게 된다.

- 격한 감정이나 까다로운 행동은 자신 탓이며, 이 감정을 힘껏 억누르기만 하면 바람직하게 행동할 수 있다고 배운다.

지친 부모가 교육서나 자문 센터, 아동심리 기관에 도움을 청하는 것은 너무나 당연하다. 하지만 체벌과 조건화에 기초한 교육 프로그램을 선택하기 전에 한 번 더 자신의 마음을 들여다보는 시간이 필요하다. 내 마음에서 어떤 말을 하는지 귀 기울여야 한다.

- 이 방법이 나와 우리 아이에게 어떤 영향을 미치는가?
- 이 방법이 내게 요구하는 역할은 무엇이며 나는 그 역할을 정말 맡고 싶은가?
- 이 역할이 우리 아이에게 전하는 메시지는 무엇이며, 그것이 내가 아이에게 전하고자 하는 메시지와 일치하는가?

더 중요한 것이 있다. 그런 방법까지 고민했다는 것은 지금 부모가 느끼는 고통과 압박감이 너무 크다는 증거일 수 있다. 부모는 이를 자각해야 한다. 아이와 함께하는 일상이 이미 견딜 수 있는 한계를 넘은 것이다. 부모는 지푸라기라도 잡는 심정으로 가정을 정상 궤도로 돌려놓을 방법에 매달린다. 그 방법만이 유일한 해결책으로 보인다. 하지만 '엄한 교육만이 유일한 대안'이라는 식의 메시지야말로 허구이다. 그런 프로그램의 옹호자들이 절망한 부모를 압박하기 위해 이용하는 허구.

따라서 자신의 방법만이 유일한 해결책이라고 떠드는 사람들을 만나거든 항상 경계할 필요가 있다. 우리가 사는 세상은 그렇게 간단히 작동하지 않는다. 모든 문제를 단번에 해결하는 만병통치약이란 없다. 아이가 까탈을 부리고 부모를 괴롭힐 때도 반드시 이유는 있다. 아이의 타고난 기질이 특별히 고단한 상황을 만난 것이고, 그 상황을 대하는 아이의 반응에 한계에 이른 부모의 상태가 더해지면 불난 집에 부채질하는 격이 된다. 그런데 누구에게나 딱 맞다는 '프리사이즈' 해결책이 이 모든 요인을 단박에 싹 쓸어버릴 수 있다고? 그럴 수는 없다. 아이는 그저 체벌이 무서워 그 모든 스트레스 요인에 대한 정서 반응을 최대한 억누를 뿐이므로 당장은 괜찮아지는 것 같아도 기껏해야 겉만 번지르르하게 때우기와 다름없다.

물론 체벌하지 말자고 해서 아이가 온 가족의 생활을 엉망진창으로 만들어도 내버려두자는 뜻은 절대 아니다. 부모의 과제는 감정에 휩싸인 아이를 혼자 두는 것이 아니라 아이와 함께 그 강렬한 감정의 바다를 헤쳐나갈 방법을 찾는 것이다.

그리고 그 방법은 압박이 아니라 관계를 향해야 한다.

어린 시절 감정이 격했던 유명인 ❹

토머스 에디슨 Thomas Alva Edison(1847~1931)

“게으르고 글러먹었다.” 담임 선생님과 교장 선생님이 꼬마 토머스를 두고 했던 말이다. 아이는 한시도 가만있지를 못할 만큼 호기심이 강하고 의지가 투철했다. 나이가 다른 아이들 38명이 모여 공부하는 작은 학교의 소음과 소란을 못 견뎠고 계속 질문을 던져 선생님을 괴롭혔다.

“골치 아픈 녀석이군. 너 같은 녀석은 가르쳐봤자 아무 소용이 없다.” 학교에 입학한 지 12주 만에 이런 혹독한 말을 들은 일곱 살 아이는 큰 상처를 입고 눈물을 흘리며 집으로 달려왔다. 하지만 교사였던 어머니는 가만히 있지 않았다. 어머니는 당장 아이의 손을 잡고 학교로 달려가 선생님에게 항의했다. 자신의 아들이 선생님보다 훨씬 영리하다고, 이 아이가 얼마나 똑똑한지 온 세상이 알게 될 날이 올 테니 두고 보라고.

그날부터 어머니 낸시 에디슨은 아들을 집에서 직접 가르쳤고 나뭇가지처럼 뻗어나가는 아이의 다양한 관심사를 적극 지원하였다. 덕분에 토머스는 시와 기술을 동시에 사랑할 수 있었다. 열두 살이 되던 해에 그는 작은 신문사를 차렸고 열 다섯 살에는 전신 기술을 익혔으며 이십 대 초반에는 사무직을 접고 발명가로 나섰다. 그의 이름으로 등록된 특허권은 천 가지가 넘고 그중에서도 가장 유명한 것은 단연코 탄소 전구이다. 성공의 비결을 묻는 질문에 에디슨은 ‘어머니의 흔들리지 않는 믿음’이 동력이었다고 말했다.

나는 누구이고 너는 누구인가

이해는 변화보다 앞서 존재한다. 즉, 이해해야 아이를 변화시킬 수 있다. 이 단순한 공식은 행복한 부모·자식관계의 비결이기도 하다. 감정이 격한 아이를 키우는 가정에선 특히 더 그렇다. 아이가 실제로 어떠한지, 그리고 우리 자신이 실제로 어떠한지를 먼저 이해해야 우리 가정을 긍정적 방향으로 변화시킬 수 있다. 이 점은 매우 중요하다!

'또 시작이구나. 왜 양말을 안 신겠다고 저 난리인지. 가만 놔두면 점점 버릇이 나빠져서 아예 옷도 안 입으려고 할 거야.' 양말을 신지 않겠다고 버둥대는 아이를 보며 부모는 이렇게 생각한다. 그리고 아무것도 아닌 일로 집안 분위기를 엉망으로 만드는 저 버릇없는 짓거리를 더는 두고 볼 수 없다는 생각으로 거칠게, 짜증스럽게 아이를 다그치고 야단친다. 그러나 아래의 두 가지 원칙을 명심하면 어떻게 바뀔까?

원칙 1. 모든 행동에는 이유가 있다.

원칙 2. 화의 뿌리는 상대가 아니라 나 자신에게 있다.

자, 이 말을 명심한 채 양말을 신지 않겠다는 아이를 한번 가만히 들여다보자. 우리 눈에는 보이지 않지만 분명 아이가 특정 행동을 하는 이유가 있을 것이다. 그렇다. 아이에게도 이유가 있다. 안 그래도 예민해서 양말이 피부에 닿는 감촉이 싫은데 지난 몇 주 동안 발목이 조여서 불편했고 양말이 꽉 끼어 발가락이 아팠다. 게다가 양말 안에 무언가 들어갔는지 걸을 때마다 불편했다. 하지만 아이는 이 모든 사실을 세세하게 알 길이 없으니 그저 양말을 신기 싫다고만 느낀다. 동시에 모든 아이가 그렇듯 이 아이도 부모를 행복하게 만들고 싶고 부모와 잘 지내고 싶은 소망이 있다. 그런데 그 두 가지 욕구를 한꺼번에 해소할—다시 말해 양말을 신지 않으면서 부모를 실망시키지 않을—방도가 보이지 않으니 아이는 심한 스트레스를 느낀다. 안 그래도 스트레스에 예민하게 반응하는 아이는 순식간에 멘탈이 붕괴되고 절망에 빠져 울고불고할 수밖에 없다. 그런 비상 모드에선 지금 무엇이 필요한지 찬찬히 생각하여 명확하게 표현할 수가 없다. 머릿속에 과부하가 걸린 아이가 할 수 있는 말은 이것뿐이다. "싫어, 싫어, 싫어, 싫어!"

이 글을 읽으면서 아이가 불쌍하다는 생각이 드는가? 그럼 그 연민의 마음을 간직한 채 이제 아이의 엄마에게로 시선을 돌려보자.

새벽에 아이가 워낙 자주 깨는 바람에 어제도 잠을 잘 못 잤다. 오늘은 할 일도 태산이다. 주말에는 시가에 가야 하는데 벌써부터 스트레스가 장난이 아니다. 보나마나 시어머니는 아이를 보며 잔소리를 해댈 것이다. 그래도 그녀는 엄마이기에 절대 울지 않는다. 남들이 뭐라고 해도 아이를 위해서라면 무슨 짓이든 할 수 있다. 문화센터 음악 강좌도 다른 부모들과 어울릴 수 있어서 참 좋았지만 아이 때문에 관두었다. 아이는 문화센터에 가면 귀를 틀어막고 울기만 했다. 옷만 해도 아이가 해달라는 대로 다 해준다. 까끌까끌한 울 스웨터는 (그걸 사주신 시어머니가 아시면 엄청 섭섭해하실 테지만) 절대 입히지 않는다. 좋아하는 바지는 아예 세 벌이나 장만했다. 빨려고 세탁기에 집어넣으면 울기 때문이다. 남편은 그 사실을 알고 기가 막히다는 표정을 지었다. "어쩌려고 그래? 똑같은 바지를 사고 또 사고?" 그럴 때마다 그녀는 아이를 변호했다. "아이가 너무 예민하니 그렇지." 그러나 지금은 도저히 모르겠다. 양말까지 안 신겠다니 어쩌자는 걸까? 양말을 안 신으면 그 다음엔 옷을 안 입을 건가?

불쌍한 엄마와 불쌍한 아이이지 않은가? 둘 다 나쁜 마음은 조금도 없다. 둘 다 자기만의 방식으로 상대를 행복하게 만들어주려고 노력한다. 그러나 이 순간 둘의 마음은 하나가 되지 못한다. 각자가 자신의 근심과 싸우느라 상대를 생각할 여유가 없을 뿐이다. 탈출구가 있을까?

이해가 가장 좋은 길이다. 무엇보다 어른이 먼저 이해해야 한다. 아이를 위해서 그리고 자신을 위해서. 우리의 스트레스가 무엇 때문에 생기는지 파악한다면, 우리가 압박감에 시달리는 이유가 결코 아이 때문이 아님을 안다면, 아이가 지금 감정에 압도당해 어쩔 줄 모른다는 사실을 깨닫는다면 문득 새로운 길이 눈앞에 펼쳐질 것이다. 전투 모드에서 빠져나와 관계 모드로 들어설 수 있는 길이, 눈앞의 사실보다 서로를 대하는 방식이 더 중요한 관계 모드로 들어설 수 있는 길이 열릴 것이다.

그 모드에서 어떤 해결책을 찾게 되건, 그건 중요하지 않다. 아이의 양말을 벗기고 대신 보온성이 좋은 신발을 신겨도 된다. 아니면 편한 양말을 몇 켤레 구해서 방바닥에 두고 따뜻하게 데워 신겨보는 것도 방법이다. 편한 실내화 그대로 데리고 나가도 상관없다. 중요한 것은 이해하려는 노력이다. 설사 아무리 노력해도 대체 뭐가 문제인지 도저히 알 수 없을지라도 우리는 끊임없이 아이를, 우리 자신을 이해하려 노력해야 한다.

모든 인간에겐 그렇게 행동하는 이유가 있다.
모든 인간에겐 그렇게 느끼는 이유가 있다.

원칙은 중요하지 않다.

우리가 서로를 대하는 방식이 중요하다.

> **"우리는 가장 사랑하는 사람을 바꾸려고 한다.**
> **그게 안 되면 마찰과 갈등이 발생한다.**
> **하지만 인간은 특히나 변화가 힘든 존재다.**
> **인간관계의 가장 큰 비극 중 하나는**
> **의지만 강하면 변화를 끌어낼 수 있다는 믿음이다.**
> **우리는 그럴 수 없다."**
>
> - 하버드 대학 교수 **제롬 케이건**

언제 무엇을 기대할 수 있는가

아이가 옷을 안 입겠다고 버둥대고, 밤에 도통 잘 생각을 안 하고 5분 간격으로 엄마를 불러대며, 여동생 머리에 인정사정없이 장난감을 집어 던진다면 과연 어떤 부모가 화가 나지 않겠는가. 하지만 이런 행동에 우리가 이전과 전혀 다른 반응을 보이면 어떻게 될까? '저 불쌍한 아이도 어쩔 수 없었을 거야. 너무 어려서 모르고 한 짓인데 봐줘야지'라고.

우리가 아이의 행동에 인내심을 잃어버리는 이유는 아이의 행동 자체가 아니라 우리의 기대 때문이다. '그 나이 또래라면 이 정도는 할 수 있는데 의도적으로 하지 않는 것이다'라는 생각 때문이다. 부모는 아이의 사회적, 정서적 능력을 너무 과대평가하여 의도가 없는데도 의도를 만들어 읽으려는 경향이 있다.

감정이 격한 아이는 특히 공감 능력이 강해서 다른 사람의 감정을 읽어내는 촉수가 예민하지만 그래도 아이는 아이다. 아직 타인의 상태를 배려할 수 있는 능력을 온전히 갖추진 못했다. 상대의 입장에서 생각하는 능력도 아직은 부족하다. 그런 공감 능력은 6~10세 사이에 형성된다고 알려져 있다. 그 말은 아이가 우리의 상태를 감지하기는 하지만 어떻게 해야 우리가 좋아하고 싫어할지 아직 예상할 수 없으며, 따라서 동일한 상황에서 자신은 좋아도 타인은 싫어할 수 있다는 사실을 납득하기 힘들다는 의미이다. 초등학교에 입학하기 전까지는 자신의 행동을 다양한 관점에서 조명하고 성찰하는 능력이 발달하지 않기 때문에 주변 사람을 배려하는 역량이 크지 않다. 충동을 조절하고 기분과 행동을 분리할 수 있으려면 상대의 입장에서 생각할 줄 알아야 한다.

감정이 격한 아이들은 또래 친구보다 훨씬 감수성이 예민하지만 스트레스 상황에서는 어린 아기의 발달단계로 퇴화한다. 그래서 평소라면 폭력이 나쁘다는 것을 잘 알고 참는 열 살 아이도 분노에 사로잡히면 평소의 신념을 까맣게 잊고 폭력을 휘두르고픈 충동이 든다.

따라서 무조건 버릇없는 아이라고 화를 낼 것이 아니라 우리의 기대를 현실에 맞게 조정해야 한다. 물론 아이들도 남을 배려하고 공평하게 행동할 수 있고 또 그래야 마땅하다. 아무리 화가 나도 말로 할 것이지 주먹을 휘두르고 고함을 질러서는 안 된다. 하지만 과부하 상태에서 부모가 아무리 야단을 치고 꾸지람을 해봤자 얻을 것이 없다.

지금 우리 아이에게 필요한 것은 과열된 신경 시스템의 열을 내리고 숨을 크게 쉬면서 정신을 차릴 방법이다. 그러자면 비난보다 동행이, 야단보다 이해가, 외면보다 애정이 필요하다. 감정조절능력을 배우는 것은 성숙의 과정이다. 억지로 속도를 높일 수 없다. 우리의 기대를 아이의 실제 발달단계에 맞춘다면 언젠가 아이도 자신을 뛰어넘어 성장할 것이다.

어린 시절 감정이 격했던 유명인 ⑤

알베르트 아인슈타인Albert Einstein(1879~1955)

어릴 적 알베르트는 특이한 아이였다. 세 살이 될 때까지 말을 못 해서 멍청이 취급을 당했다. 그렇지만 네 살 때 말문을 뗀 순간, 아이의 입에선 완벽한 문장이 튀어나왔다. 알베르트는 친구들과 어울려 공을 차는 대신 혼자 집에서 끈기 있게 퍼즐을 맞추었고 블록을 쌓았다.

학교에는 마지못해 다녔다. 복종과 훈육을 강조하던 당시의 엄한 교육 시스템이 너무 싫었기 때문이다. 알베르트는 스스로 생각하고자 했고 비판적인 질문을 많이 던졌기 때문에 교사들 사이에서 반항적이고 말 안 듣는 학생으로 유명했다. 게다가 성미가 무척 급해서 청소년 시절에 선생님은 물론 교장 선생님한테도 대들었고 결국 자퇴했다. 다행히 스위스 김나지움에서 무사히 대학입학 자격시험을 치렀고 우수한 성적을 거두었다. 수학과 물리학을 전공한 대학 시절은 그럭저럭 만족스러웠지만 썩 우수한 학생이 아니었던 터라 직업을 구하기까지 시간이 오래 걸렸다. 그의 탁월한 재능은 물리학자로서 상대성 이론을 발견하고 나서야 세상의 인정을 받았다.

그는 평생 비판적이고 반항적인 정신을 버리지 않았다. 노벨물리학상을 수상한 그는 세상을 떠나기 직전 러셀-아인슈타인 성명Russell-Einstein Manifesto에 서명하였다. 과학자들 10명과 함께 세계평화를 위한 군비 축소를 주장하는 성명이었다.

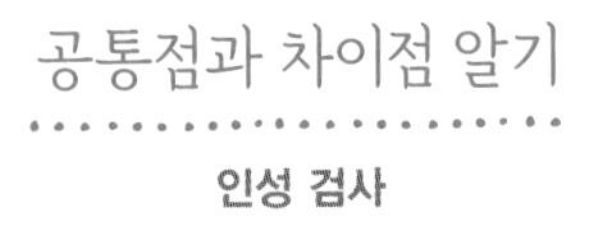

공통점과 차이점 알기

인성 검사

1장에서 소개한 감정이 격한 아이들의 8가지 특징을 다시 한번 살펴보자. 이 중 우리 아이에게서 특히 강하게 나타나는 특성은 어떤 것인가? 또 부모에게서 강하게 나타나는 특성은 무엇인가?

8가지 특성의 강도를 1부터 10까지 점수로 매겨보자. '전혀 그렇지 않다'는 1점이고 '매우 그렇다'는 10점이다. 우리 아이가 매우 예민한가? 그럼 10점이다. 넘치는 에너지를 주체하지 못한다면 그것 역시 10점이다. 반대로 일과가 변해도 아무렇지도 않다면 1점이다. 8번에 걸쳐 아이의 특징을 모두 살펴보았다면 이제 우리 자신은 어떤가? 우리는 얼마나 예민하며 얼마나 유연하게 사고하는지 점수를 한번 매겨보자.

이 인성 검사를 통해 자신과 아이의 공통점과 차이점을 알고 나면 큰 깨달음이 밀려올 것이다.

1	2	3	4	5	6	7	8	9	10
전혀 그렇지 않다 (1)				보통이다 (5)					매우 그렇다 (10)

1. 나는 분노와 같은 감정에 자주 압도당한다. ______
2. 나는 끈기가 있고 고집이 세다. ______
3. 나는 매우 예민하고 상대의 감정에 적극 공감한다. ______
4. 나는 소음 등의 강한 자극이 싫다. ______
5. 나는 변화를 싫어한다. ______
6. 나는 규칙과 루틴을 매우 중요하게 생각한다. ______
7. 나는 한시도 가만있지 못하고 상당히
   안절부절못하는 타입이다. ______
8. 나는 생각이 많으며 염세주의 성향이 짙다. ______

"우리 아들이 매일 아침 똑같은 순서로 행동하기를 고집하는데 그 꼴을 보면서 속이 뒤집어졌거든요. 이제야 이유를 알겠네요. 저는 그날그날 기분에 따라 사는 사람이거든요. 이렇게 서로 다르니 어떻게 마찰이 없겠어요."

"지석이와 저는 둘 다 너무 소음에 취약해요. 그래서 민제가 울면 우리 둘 다 미쳐버리려고 해요."

인성 검사를 통해 부모의 기질을 함께 파악하면 아이를 대할 때 큰 도움이 된다. 비슷한 점이나 다른 점을 알면 평화로운 공존의 방법을 모색할 수 있다.

당신의 점수가 대부분의 문항에서 1~4점이었는가? 그렇다면 당신은 침착하고 찬찬한 성격으로 감정조절능력이 강한 사람이다. 감정이 격한 당신의 아이와는 정반대되는 성향이다.

대부분의 질문에서 점수가 중간대라면 감정이 풍부하고 감정 변화의 폭이 크지만 그래도 감정조절능력이 뛰어나서 좀처럼 감정에 휩쓸리지 않는다.

점수가 8~10점이라면 당신은 감정이 격한 사람이다. 어릴 적 그런 기질을 마음껏 발현할 수 있는 여건이 아니어서 살기 위해 어느 정도 감정조절능력을 키웠다 하더라도 격한 감정을 타고났다.

감정조절능력이 강한 부모가 감정이 격한 아이를 만나면

사람은 다 자기만의 방식으로 세상을 인식한다. 감정조절능력이 강한 부모가 감정이 격한 아이를 만날 경우 차이가 뚜렷하게 드러난다. 똑같은 일상을 나누면서도 부모와 아이는 전혀 다른 경험을 한다. 당연히 오해와 다툼이 생기기 쉽다. 침착한 사람들은 아무리 노력해도 감정의 롤러코스터를 타는 상대를 도저히 이해할 수 없다. 물론 감정조절능력이 강한 사람들이 공감을 못 한다는 말은 아니다. 다만 공감 역시 그들 나름의 방식에 따른다. 아이스크림을 떨어뜨려서 우는 아이를 보면 감정조절능력이 강한 엄마도 아이의 심정에 공감할 수 있다. 자신도 비슷한 일을 겪어서 슬펐던 적이 있기 때문이다. 하지만 감정이 격한 아이가 그 순간 겪는 슬픔과 절망의 강도는 절대 이해할 수가 없다. 자신은 아무리 슬픈 상황에서도 두뇌의 이성적 부분이 금방 통수권을 되찾아서 안심이 되는 정보로 감정 센터를 다독이기 때문이다. '괜찮아. 아이스크림을 떨어뜨렸다고 세상이 무너지지는 않아.' 그러나 아이의 두뇌에선 지금 전혀 다른 일이 일어나고 있다. 치솟는 스트레스 탓에 합리적 부분은 이미 스위치가 나가버렸고 감정 센터만이 뇌줄기를 향해 연신 '비상!'을 외쳐댄다. 미주신경은 비상 모드로 전환하여 온몸을 스트레스로 벌벌 떨리게 만든다. 이렇게 흥분한 신경 시스템에게 말이 통할 리 없다. 이 상태에서 도움이 되는 것은 많은 이해와 끊임없는 인내, 계속해서 쓰담쓰담 하며 등과 머리를 쓸어주는 신체 접촉뿐이다.

얼핏 듣기엔 충격적인 소식—'아이의 감정을 손톱만큼도 알 수가 없는데 어떻게 우리 아이를 이해할 수 있단 말인가?'—이 거꾸로 생각하면 큰 기회가 될 수 있다. 감정조절능력이 강한 부모는 위기 상황에서도 잘 작동하는 합리적 두뇌를 갖추고 있기에 감정에 휩싸인 아이를 많이 이해하고 공감해줄 여력이 있다. 아이의 마음에서 지금 어떤 일이 일어나는지를 스스로에게 설명하고, 아이의 분노와 울음이 지나친 연극이나 부적절한 드라마가 아니라 자연스러운 현상이니 침착하고 따뜻하게 반응하자고 결심할 수 있다. 그리고 바로 이런 침착하고 따뜻한 반응이 조절력 강한 부모의 장점이다. 따라서 억지로 아이의 마음을 이해하려 하거나 아이에게 그렇게 흥분할 이유가 없다고 설명하려 하지 말자. 그저 아이의 뇌는 부모의 뇌와 다르게 작동해 위기 모드에 쉽게 빠지므로 그럴 때는 공감하고 이해하며 곁을 지켜야 한다는 사실을 객관적으로 확인하고, 요리 레시피를 외우듯 아래 부모의 행동방침을 달달 외워 실천에 옮기면 된다.

- 침착함을 유지한다.
- 가만히 아이 곁에 있어준다.
- 아무것도 설명하지 않는다.
- 아무것도 무시하지 않는다.
- 아이의 감정을 비난하지 않는다.
- 아이의 감정을 평가하지 않는다.
- 아이에게 이해심을 보인다.
- 인내심을 갖고 아이가 침착해지길 기다린다.
- 아이에게 관심을 보인다.
- 아이를 위로한다.
- 신체 접촉을 통해 아이를 안심시킨다.
- 심호흡을 한다.
- 아이의 폭풍이 잠잠해질 때까지 기다린다.

이런 식의 이성적 접근은 아이가 감정에 휩쓸렸을 때는 말할 것도 없고 일상생활에서도 매우 유익하다. 아이가 고집을 부려도

'나는 이 국수랑 저 국수랑 맛이 똑같은데 뭐가 다르다는 거야?'라고 짜증 내지 않고 '그렇군, 뭐 내가 꼭 이해를 해야 하는 건 아니지'라는 심정으로 감정이 격한 아이의 특수성을 인정해 쓸데없는 다툼과 무의미한 노력을 미연에 방지할 수 있다.

아이가 꼭 그 잼만 먹겠다고 한다면 '뭐, 그럴 수 있지.'

아이가 꼭 그 옷만 입겠다고 한다면 '뭐, 그러면 어때.'

아이가 생일날 친구 2명만 초대하겠다고 해도 '어쩌겠어. 친구가 더 없다는데.'

굳이 모든 것을 이해하지 않아도 된다. 그냥 인정하고 받아들이면 된다. 우리는 우리 방식으로 세상을 보고 아이는 아이의 방식으로 세상을 본다. 어느 쪽이 더 낫고 더 나쁘지 않다. 어느 쪽이 옳고 그른 것도 아니다. 옳고 그름의 문제가 아니니 말이다. 중요한 것은 서로를 대하는 방식이다.

감정이 풍부한 부모가 감정이 격한 아이를 만나면

감정조절능력이 강한 부모는 대부분 아이가 자신과 다르다는 사실을 일찍부터 알아차리지만 감정이 풍부한 부모는 약간 다른 문제를 겪는다. 머리로는 아이의 정서가 자신과 매우 유사하다고 생각하면서도 아이를 이해할 수 없다. '나도 상당히 예민하지만 저렇게 난리를 피우지는 않았어!' 울고불고 생떼를 쓰는 아이를 보며 부모는 이런 생각을 하게 된다. 그 생각 너머엔 깊이 뿌리 내린 확신이 숨어 있다. 자신이 풍부한 감정을 적당히 조절할 수 있는 것은 다 자신의 노력 덕분이라는 확신 말이다. 그래서 지나친 감정 표현은 이기심과 부족한 자제력 때문이라고 결론짓는다. '조금만 참으면 될 것을. 혼자 사는 세상이 아니잖아.'

감정이 격한 아이를 바라보는 감정이 풍부한 부모의 마음은 이중적이다. 한편으로는 아이의 격한 감정을 어느 정도 공감하고 이해할 수 있을 것 같다. 하지만 자신은 그동안 살아오면서 늘 힘든 상황에서도 감정을 억누르려고 노력해왔다. 그래서 아이도 그럴 수 있다고 생각한다.

다행히 감정이 풍부한 부모에겐 두 가지 장점이 있다. 총명한 머리와 뜨거운 가슴! 뜨거운 가슴으로 스스로 경험했던 격한 감정을 떠올리면서 아이의 상태를 이해할 수 있고, 총명한 머리로 아이의 감정이 자신의 감정보다 100배는 더 강렬하다는 사실을 납득할 수 있다.

내겐 작은 전구인 것이 아이에겐 눈을 찌르는 헤드라이트이다.
내겐 작은 소음이 아이에겐 귀를 찢는 굉음이고
내겐 작은 기쁨이 아이에겐 가슴이 터질 듯 벅찬 환희이며
내겐 작은 불안이 아이에겐 다리가 후들거리는 공포이고
내겐 작은 슬픔이 아이에겐 도저히 빠져나올 수 없는 절망의 늪이다.

우리 아이가 우리만큼 감정을 잘 추스를 수 없는 이유는 의지가 부족해서가 아니다. 아이는 우리와 달라서 압도적인 감정을 감정조절능력으로 옭아맬 힘이 애당초 없다. 물론 앞으로도 쭉 그럴 것이라는 뜻은 아니다. 우리가 아이를 위로하고 달래고 동행한다면 언젠가 아이의 마음에도 감정조절능력이 생겨날 것이다. 그때가 되면 강렬한 감정을 지금보다 훨씬 더 잘 다스릴 수 있을 것이다.

감정이 격한 부모가
감정이 격한 아이를 만나면

유유상종이라고 했는데 끼리끼리 살면 더 좋지 않을까? 꼭 그런 것만은 아니다. 감정조절능력이 강한 부모나 감정이 풍부한 부모는 스트레스 상황에서도 두뇌의 합리적 부분을 활용할 수 있지만 감정이 격한 부모는 감정의 풍랑에 함께 휩쓸려 정신을 차리지 못한다. 침착해야 할 상황에서 아이와 부모 모두 어쩔 줄 모르는 것이다. 하지만 단점 못지않게 장점도 크다. 아이의 심정을 진정으로 이해할 수 있으니까 말이다. 물론 격한 감정은 같아도 부모와 아이의 기질은 다를 수 있다. 그래서 예민하지만 에너지는 많지 않은 아빠가 예민하면서 에너지 넘치는 아들을 완벽하게 이해하기는 힘들다.

감정이 격한 부모가 자신과 비슷한 아이를 키울 때 가장 힘든 점은 감정의 격랑에 함께 휩쓸리지 않고 침착함을 유지하며 아이를 안심시키고 감정의 소용돌이에서 일으켜 세워야 한다는 점이다.

어떻게 하면 될까? 감정이 격한 부모는 그 대답을 누구보다 잘 알 것이다. 어린 시절 자신이 그런 상황에서 어땠는지, 어떻게 해야 빨리 마음의 안정을 되찾았는지를 되새겨보면 금방 해답이 나올 테니 말이다. 감정이 격한 부모는 아이가 지금 어떤 심정인지 누구보다 잘 알고, 나아가 지금 아이에게 가장 필요한 것이 무엇인지도 가장 잘 안다. 또 감정이 격한 부모는 그동안 살면서 마음을 진정시키는 나름의 방법을 터득했을 것이므로 아이가 흥분한 상황에서도 그 기술을 이용하여 비상 모드에서 빠져나오게 할 수 있다.

마음을 가라앉히는 방법

스트레스 상황에서 침착함을 유지하기란 말처럼 쉽지 않다. 하지만 아이를 달래려면 부모가 먼저 자신의 마음을 다스려 안정을 찾아야 한다. 비행기 안에서의 구명 원칙을 떠올리면 이해가 쉽다. 비상시 산소마스크와 구명조끼를 어른이 먼저 착용한 후에 아이에게 씌우고 입히는 것이 원칙이다. 가정에서도 마찬가지이다. 자, 아래의 방법으로 마음을 다스려보자.

- 눈을 감고 천천히 10까지 센다.
- 찬물을 한잔 들이켠다.
- 너무너무 화가 나거든 쿠션을 내리친다.
- 엄지와 중지로 관자놀이를 마사지한다.
- 오른손 엄지와 검지로 왼손 협곡혈(엄지와 검지의 중간 부분)을 꽉 누른 후 손을 바꿔 반복한다.

- 자신만의 주문을 외운다. 예를 들어 이렇게 말한다. "괜찮아. 다 잘될 거야."

휩쓸리지 않는 공감

휘몰아치는 아이의 감정에 부모의 마음이 동요되는 현상은 사실 긍정적인 신호이다. 그만큼 아이와 밀접하다는 증거니까. 하지만 격한 감정에 건강하게 대응하는 방법을 아이에게 보여주려면 감정의 롤러코스터에 나란히 앉아 아이와 같이 오르락내리락해서는 안 된다. 아이에게 자꾸 감정에 휘둘리는 모습을 보여주면 부모가 아니라 감정의 폭풍이 가정을 이끌어가게 될 것이다. 그렇게 되지 않으려면 일정 정도 아이의 감정과 거리를 둘 필요가 있다. 하지만 또 그 거리가 너무 멀어서 냉담하고 차가운 인상을 주어서는 안 된다. 부모는 공감할 줄 알아야 한다. 아이와 정서적으로 결합되어 있고 아이의 감정에 이입하는 능력을 갖추어야 한다. 그렇지 않으면 아이는 혼자라는 느낌에 젖을 것이고 우리는 아이에게 닿을 수 없을 것이다.

우리 딸 민지가 다섯 살 때 해수욕장에 간 적이 있어요. 아이는 신이 나서 저와 함께 파도치는 바다로 걸어 나갔죠. 애가 너무 좋아하니까 저도 따라 기분이 좋아져서 자꾸자꾸 걸어갔어요. 그런데 갑자기 발이 땅에 닿지 않는 거예요. 그 순간 큰 파도가 밀려와서 우리를 덮쳤어요. 다행히 민지는 구명조끼를 입고 제 팔을 잡고 있었죠. 놀란 저는 열심히 헤엄을 쳤지만 어찌 된 영문인지 자꾸 바다 쪽으로 떠밀려갔어요. 안 되겠다 싶어서 큰 소리로 살려달라고 외쳤고 다행히 젊은 남자 2명이 우리를 구해주었죠. 그날 이후 저는 민지가 격한 감정에 휩싸이면 그때를 떠올립니다. 아이의 슬픔도 기쁨도 화도 다 우리를 향해 달려오는 파도라고 상상해요. 민지는 발이 땅에 닿지 않아도 내 팔을 붙들고 파도를 즐길 수 있지만 저는 엄마니까 두 발로 땅을 딛고 서서 감정의 파도에 휩쓸리지 말아야 한다고 생각합니다.

– 미연

외향적? 내향적?
힘의 원천을 알아보기

감정이 격한 아이라고 해서 다 똑같은 것은 절대 아니다. 물론 공통점은 많지만 아이마다 이겨내야 할 문제는 다 제각각이다. 용감하고 에너지가 넘치지만 수줍음이 많은 아이가 있는가 하면 사납고 예민하면서도 겁이 많은 아이가 있고, 남을 잘 배려하고 사려 깊지만 사람과 어울리는 것을 힘들어하는 아이가 있다. 이처럼 모순되는 강렬한 감정에 대처하기 위해 우리 아이는 어디서 힘을 얻어야 할까? 이 질문에 대답을 구하려면 먼저 우리 아이의 인성을 더 자세히 살펴서 아이가 외향적인지 내향적인지 구별할 필요가 있다.

외향성과 내향성은 일반적인 생각과 달리 단순히 성향을 구분하는 특징이 아니라 한 사람이 어디에서 힘을 얻고 어디에 힘을 소모하는지를 알려주는 키워드이기도 하다.

외향적인 사람은 명랑하고 사교성이 좋다. 또 모험을 즐기고 타인과 함께하는 활동을 좋아하며, 그런 활동을 통해 도전에 맞설 힘을 충전한다. 그래서 오랜 시간 사람들과 교류를 하지 못하면 힘과 에너지를 잃는다. 인류의 약 75퍼센트가 외향적이다.

내향적인 사람은 남 앞에 나서는 것을 좋아하지 않고 수줍음을 많이 타며 조용히 혼자 있는 시간을 보내야 지친 몸과 마음이 회복되고 일상을 사는 데 필요한 힘이 생긴다. 계속 사람들 속에서 자극에 노출될 경우 에너지가 급격히 떨어지면서 번아웃 증후군 burnout syndrome에 빠진다. 전체 인구의 25퍼센트밖에 되지 않기 때문에 주변 사람들과 다른 자신이 뭔가 잘못됐다고 자주 생각하곤 한다.

누구도 엄마 배 속에서부터 내향적인 성격 혹은 외향적인 성격으로 살아갈지 선택할 수 없다. 다른 다양한 성격이 그렇듯 내향성과 외향성 역시 태어날 때부터 유전자에 박혀 있다. 따라서 내향적인 아이에게 외향성을 가르치려 들거나 외향적인 아이를 내향적인 아이로 만들려는 노력은 무의미하다. 그리고 두 성격 중 어느 쪽이 더 낫거나 못하지 않다. 외향적인 것도, 내향적인 것 못지않게 장점과 단점이 있다. 그보다 더 중요한 것은 최대한 타고난 욕구에 적응하여 힘의 원천을 찾는 것이다.

특히 감정이 격한 아이를 키우는 부모라면 가족 구성원들의 기질 차이를 아는 것이 매우 중요하다. 격동하는 감정과 더불어 살아가는 것은 아이에게도, 부모에게도, 형제자매에게도 쉬운 일이 아니다. 쉽지 않을수록 가족 각자가 힘의 원천을 잘 알아두었다가 필요할 때마다 에너지를 적절하게 충전해야 갈등을 줄일 수 있다.

가족 중 누가 외향적이고 내향적인지는 굳이 복잡한 인성 검사를 하지 않아도 쉽게 알 수 있다. 어른도 아이도 자신이 어떤 상황에서 긴장하고 어떤 상황에서 여유를 부리는지 스스로 느끼고 가족에게 전달한다. 따라서 그 신호를 잘 읽기만 하면 된다. 그렇다면 그 신호는 어떻게 나타날까?

외향적인 사람의 특성

- 주변에 사람이 많고 무리를 지어 다니는 것을 좋아한다.
- 타인에게 자신의 감정과 경험을 이야기하고 싶은 욕구가 강하다.
- 생각보다 말이 앞서는 경향이 있다.
- 상대의 말을 듣기보다 내 말을 많이 하려는 경향이 있다.
- 상대의 말을 자주 자른다.
- 무리에 속하지 못하면 왕따를 당하는 기분이 든다.

- 혼자 있고 싶어 하는 사람을 보면 도무지 이해가 되지 않기 때문에 외톨이를 보면 무리에 끼워 넣고 싶은 충동이 인다.
- 타인의 칭찬과 인정에 목을 맨다.
- 혼자서는 잘 있지 못한다.
- 집에 혼자 있을 땐 외롭다는 생각이 들지 않도록 음악을 틀거나 TV를 켜 사람 소리가 나는 환경을 만든다.

내향적인 사람의 특성

- 입을 다물고 무언가에 집중하여 관찰을 한다.
- 혼자 있는 것이 좋다.
- 친구가 몇 명 안 된다.
- 여가 시간은 가족과 함께 보낸다.
- 누가 찾아오면 금방 피로해지기 때문에 어서 갔으면 좋겠다는 생각이 든다.
- 그날의 감정과 사건은 혼자 간직한다.
- 사적 공간에 대한 욕망이 강하다.
- 대화를 나눌 때 상대가 가까이 다가오면 부담스럽다.
- 내 이야기를 하기보다 상대의 말을 들어주는 편이다.
- 정말 친한 사람에게만 속내를 털어놓는다.
- 질문에 대답하기 전에 잠시 생각할 시간이 필요하다.

- 몇 시간 혼자 있으면 잠을 푹 잔 것처럼 원기가 회복된다.

하지만 구체적 상황에서 보이는 행동만으로 성향을 판단해서는 안 된다. 그 상황이 지나고 난 이후가 기준이 된다. 그 상황이 힘을 빼앗았는가 아니면 힘을 주었는가? 그것이 결정적이며 특히 감정이 격한 아이를 상대할 때는 반드시 이를 고려해야 한다. 감정이 격하지만 내향적인 아이들은 사람을 좋아하고 말을 잘하며 개방적이어서 다른 사람들과 어울리는 것을 좋아한다. 하지만 그러고 나면 완전히 탈진하기 때문에 다시 에너지를 충전하려면 혼자만의 시간이 필요하다. 반대로 수줍고 사람을 좋아하지 않지만 그럼에도 친구와 교류를 해야 에너지를 되찾는 아이들도 있다.

감정이 격한 아이도 에너지가 가득하면 자신의 감정을 비교적 잘 조절할 수 있다. 따라서 아이가 외향적인지 내향적인지를 아는 것이 아이와의 갈등을 줄이고 살 수 있는 중요한 첫걸음이다. 성향 파악이 끝나면 아이에게 그 성향과 더불어 잘 살 수 있는 여러 가지 조언도 곁들이면 좋다.

내향적인 아이에게 자주 해주면 좋은 말들

- "사람마다 쉬는 방법도 다른데, 내가 보기에 너는 집에서 조용히 쉬는 게 좋은 것 같아."

- "방에서 혼자 잘 노니까 보기가 좋네."
- "넌 말만 앞서지 않아서 참 좋아."
- "너한테 맞는 친구를 잘 고르는구나. 믿음직해."
- "할머니, 할아버지가 좋은데 할머니 댁에서 며칠 자는 건 싫지? 어떻게 하면 좋을까?"

내향적인 아이들에게 가르쳐주면 좋은 말들

- "조금 더 생각해볼게."
- "잠깐 혼자 있고 싶어."
- "잠깐 쉬었다 할까?"
- "내 자리에 앉고 싶어."
- "너희들이 정말 좋지만 잠깐 나 혼자 있을 시간이 필요해."

내향적인 아이들이 힘을 얻는 방법

- 자기 방에서 혼자 놀거나 쉰다.
- 달리는 자동차 뒷좌석에 가만히 앉아 있는다.
- 조용한 장소, 서로에게 집중할 수 있는 분위기에서 대화를 나눈다.
- 과제나 놀이에 완전히 푹 빠진다.

외향적인 아이들에게 자주 해주면 좋은 말들

- “친구들이랑 잘 지내니까 참 보기 좋구나.”
- “신나게 뛰어놀아야 건강해지지.”
- “낯을 가리지 않고 사교성이 좋아서 얼마나 좋은지 몰라.”
- “네가 감정 표현을 잘해서 엄마는 참 편해.”
- “혼자 네 방에 있기 싫은 건 알겠는데 동생을 재울 때는 조용히 해줬으면 좋겠어. 어떻게 하면 혼자 방에서 놀 수 있을까?”

외향적인 아이들에게 가르쳐주면 좋은 말들

- “나도 같이 놀고 싶어.”
- “우리 같이 할까?”
- “나 좀 도와줄래?”
- “같이 놀자!”
- “내가 이야기해줄게. 잘 들어봐.”

외향적인 아이들이 힘을 얻는 방법

- 친구들과 신나게 뛰어논다.
- 믿을 수 있는 사람에게 칭찬을 받는다.
- 스릴 넘치는 모험을 즐긴다.
- 자신의 경험과 감정에 대해 자세하게 털어놓는다.

그렇다면 우리는?

아이는 물론이고 우리 부모도 어디서 힘을 얻는지 정확히 파악한다면, 감정이 격한 아이를 키우느라 지친 몸과 마음에 다시 원기를 충전할 수 있다. 특히 엄마, 아빠, 아이의 성향이 전혀 다를 경우 서로가 어떻게 힘을 얻는지 알면 쓸데없는 갈등을 미연에 방지할 수 있다. 예를 들어 내향적인 부모는 혼자 조용히 있어야 다시 힘이 생기므로 아이가 기운이 없어 보이면 어서 방에 들어가서 쉬라고 채근한다. 하지만 지금 그 아이에게 필요한 것은 친구들과 어울려 노래를 부르거나 공을 차는 활동적인 시간일 수 있다. 반대로 외향적인 부모는 아이의 생일을 맞이하여 동물원으로 가족 나들이를 계획한다. 정작 아이는 집에서 부루마블 게임이나 하면서 오후 시간을 보내길 원할 수 있다.

서로 다른 성향과 욕구를 알면 왜 감정이 격한 아이를 키우기가 그렇게 힘들고 고단한지도 알 수 있다. 외향적인 부모는 아이를 키울 때 외출을 못 해 친구를 못 만나는 점이 가장 힘들다. 친구와 술 한잔하고 나면 힘이 불끈 날 텐데 집에 갇혀 있으니 숨이 막힌다. 반대로 내향적인 부모는 아이가 자꾸 찾고 불러대기 때문에 혼자 조용히 있지 못하는 것이 제일 힘들다. 따라서 자신이 어느 쪽인지, 자신이 무기력한 이유가 어떤 욕구를 해소하지 못했기 때문인지를 알면 다시 에너지를 충전할 방법도 알 수 있다. 전자는 아이를 다른 사람에게 맡기고 밖에 나가 친구들과 놀고 들어오면 되고, 후자는 아이 없는 시간을 만들어 조용히 혼자 쉬면 된다.

어린 시절 감정이 격했던 유명인 ❻

한스 크리스티안 안데르센Hans Christian Andersen(1805~1875)

동네 아이들을 슬슬 피해 다니던 예민한 아이. 한스는 친구들에게 놀림을 받을 때면 얼굴이 빨개지며 울음보를 터트렸다. 평범한 구두공의 아들이었던 그에겐 친구가 없었다. 아버지가 만들어주신 인형들을 가지고 혼자 이야기를 지어내 연극을 했다. 열한 살이 되던 해에 아버지가 돌아가시자 어머니는 아들의 미래를 걱정했다. 아들은 공무원도, 재단사도 되기 싫다고 했다. 삐쩍 마르고 마음 약한 아들이 과연 무엇을 할 수 있을까?

그러나 한스에겐 꿈이 있었다. 아이는 연극배우가 되고 싶었다. 노래하고 춤을 추고 연기가 하고 싶었고, 무엇보다 자유롭고 싶었다. 그래서 열네 살이 되자마자 혼자 코펜하겐으로 가서 배우가 될 기회를 엿보았다. 안타깝게도 수입은 없었다. 노래는 부를 줄 알았지만 교육을 받지 못해 글을 읽고 쓸 수가 없었기 때문이다. 한스는 글을 배우기 위해 라틴어 학교에 들어갔다. 하지만 개인의 자유를 전혀 허락하지 않는 엄격한 분위기로 인해 큰 고통을 겪었다. 훗날 그는 그 시절을 이렇게 회상했다. "학교에서 나는 억압받는 존재였다."

대학입학 자격시험을 치르고도 교사나 공무원은 자기 길이 아니라고 생각했다. 그는 시인이 되고 싶었다. 무엇보다 세대를 이어 오래오래 전해지는 이야기에 매력을 느꼈다. 그는 150편이 넘는 민담을 수집하여 기록하였고 그 옛이야기로 세계적 명성을 얻었다. 가난한 구두공의 아들은 왕궁에 초빙되었고 화려한 저택에 살면서 프랑스와 이탈리아, 그리스, 터키, 영국 등을 여행했다. 어린 시절엔 너무나 불행했지만 열정을 불태울 곳을 찾자 그의 인생은 날개를 달았다. 그는 평생 독신으로 살았으나 진정한 친구들을 곁에 두었다. 세상을 뜨기 몇 년 전, 그는 이런 말을 남겼다.

"그냥 사는 것으로는 안 된다. 햇빛과 자유, 좋아하는 작은 꽃 한 송이는 있어야 한다."

두 발을 딛고

감정이 격한 아이는 언제 어디로 튈지 모르는 럭비공이다. 방금 기분이 좋았다가도 금세 울음을 터트리고 늘 산만하고 불안하다. 그럴수록 부모는 산과 같이 든든한 존재가 되어야 한다.

하지만 아이가 하루에도 몇 번씩 흐렸다 개었다를 반복하는 일상에서 흔들리지 않는 바위가 되는 것이 말처럼 쉬운 일은 아니다. 특히 감정이 풍부한 부모라면 그런 역할이 더욱 부담스럽다. 그래서 믿음직한 산이 되라는 말을 들으면 불쑥 반감이 들 것이다. '우리가 무슨 기계도 아니고, 어떻게 사람이 늘 똑같을 수가 있어?'

이런 생각은 널리 퍼진 오해 때문이다. 아이에게 안정감을 주어야 한다고 해서 부모의 행동이 한결같아야 한다는 뜻은 절대 아니다. 감정이 격한 아이에게 필요한 것은 로봇이 아니라 진짜 감정을 느끼고 진정한 관계를 맺을 수 있는 부모이다. 아이에게 신뢰감을 주려면 느끼는 대로 전하고 생각하는 대로 말해야 한다. 그것이 아이가 원하는 안정이다.

진짜 권위

감정이 격한 아이는 거짓말탐지기 같다. 뭔가 아귀가 안 맞으면 재깍 알아차린다. 미세한 신호도 기가 막히게 해독하기 때문에 아무리 숨기고 싶어도 숨길 수가 없고, 그래서 부모는 상당히 난처할 때가 많다. "엄마, 슬퍼요?" 아이는 아무 뜻 없이 묻지만 부모는 등골이 서늘하다. 감정이 격한 아이는 그런 질문을 시도 때도 없이 툭툭 던지기 때문이다. "엄마, 피곤해?" "엄마 화났어?" "엄마 스트레스 받았어?" 아니라고 해도 소용없다. "아냐. 피곤해 보여. 무슨 일 있는 것 같아."

일곱 살 아들을 둔 엄마는 이렇게 하소연한다. "늘 형사한테 취조 당하는 기분이에요. 계속 설명하고 변명하고 제 감정을 말해줘야 하죠. 부모도 사생활이 있는 거 아닌가요?" 물론 부모도 사생활이 있고 아이의 계속되는 질문에 대답을 하지 않을 수도 있다. 하지만 아이를 존중하면서 관계에도 효과 좋은 방법은 그 질문 뒤에 숨겨진 욕구를 파악하는 것이다. 왜 감정이 격한 아이는 계속 보호자의 감정을 탐구할까? 자신과 함께 감정의 세계를 진솔하게 여행해줄 믿음직한 상대가 필요하기 때문이다. 그래야 감정을 느끼고 그 감정과 잘 어울려 사는 법을 보고 배울 수 있을 테니까 말이다.

그렇다고 아이에게 하나도 숨기지 말고 다 공유하라는 뜻은 절대 아니다. 화가 난다고, 욕이 하고 싶다고 아이 앞에서 미친 듯이 화를 내고 욕을 퍼부어서는 안 될 것이다. 아이가 우리에게 바라는 것은 그런 여과되지 않은 공격성이 아니다. 솔직하게 감정의 세계를 여행하라는 말은 우리가 보이는 반응 뒤의 숨은 감정을 아이에게 보여주라는 뜻이다. 우리의 수치심, 우리의 무력감을 아이에게 억지로 숨기지 말라는 의미이다.

하지만 이때도 조심해야 할 점이 있다. 아이는 부모의 감정을 제 것으로 여기고 자기 책임이라고 느끼는 경향이 있다. 감정이 격한 아이들은 특히 심하다. 그러니까 아이들이 부모의 감정 상태에 촉각을 곤두세우는 것은 부모의 행복이 자기 책임이므로 늘 확인해야 한다고 느끼기 때문이다. '엄마, 아빠가 괜찮을까? 내가 뭘 해주어야 할까?' 하며 주시한다. 따라서 감정 문제에서 아이들에게 모범이 되려면 우리 자신의 감정을 알려주고 그 감정에 책임지는 방법을 함께 보여주면 된다.

- “그래, 엄마 지금 슬퍼. 그래서 엄마 친구한테 전화하려고. 친구한테 털어놓고 나면 기분이 훨씬 나아지거든.”
- “네 말이 맞아. 엄마 지금 피곤해. 어제 잠을 잘 못 잤거든. 그래서 오늘은 일찍 잘 거야.”
- “맞아. 지금 엄마가 좀 힘들어. 아빠하고 어려운 문제를 의논했거든. 그래도 걱정하지 마. 엄마, 아빠가 잘 해결할 테니까.”

아이가 걱정하는 부모의 힘든 감정이 아이의 행동 때문이라면 특히 대답하기가 쉽지 않다.

- “아빠, 나 때문에 화났어요?”
- “내가 또 너무 어질렀어요?”
- “나보다 착하고 숙제도 잘하는 아이가 아빠 아들이면 좋겠지?”
- “내가 엄마 아들이라 슬퍼?”

아이가 이렇게 물으면 많은 부모는 무시해버리고 싶은 충동을 느낀다. “말도 안 되는 소리. 당연히 아니지.” 하지만 감정이 격한 아이들은 귀신같이 대답의 행간을 더듬어 숨은 뜻을 찾아낸다. 부모가 애써 외면하려는 것도 눈치챈다. 아이는 저 혼자 이런 결론을 내린다. ‘내 질문이 정곡을 찌른 거야. 그래서 아빠가 대답을 안 하는 거야. 내 마음을 아프게 하기 싫어서.' 대답을 회피하는 부모의 모습으로 인해 아이는 무의식적으로 부정적 자아상을 만든다. 따라서 부모는 힘들더라도 아이에게 대답을 해주어야 한다. 아이가 자기 자신의 느낌을 신뢰할 수 있도록, 그럼에도 부모가 아이를 무조건적으로 사랑한다고 확신할 수 있도록 아래와 같이 말해주어야 한다.

- "아냐. 너한테 화난 게 아냐. 우리가 오늘 너무 많이 다투어서 그게 슬픈 거야. 아빠가 너를 이해해주지 못해서 미안해."
- "맞아. 엄마 오늘 너무 힘들었어. 엄마는 너만큼 에너지가 넘치지 않아."
- "맞아. 아빠는 네가 말 안 해도 숙제를 알아서 잘하면 좋겠어. 물론 너도 힘들겠지. 아빠도 아는데, 참고 지켜보고 싶지만 그게 잘 안 되는구나."
- "맞아. 엄마 화났어. 그래도 엄마는 네가 엄마 아들이라 얼마나 행복한지 몰라."

"오늘 우리가 아이에게 하는 말이 훗날 아이의 마음속 목소리가 된다."

- 육아 전문가 **페기 오마라** Peggy O'Mara

아이의 자존감

아마 이런 대답의 예시를 읽으면서 양심의 가책을 느끼는 부모가 많을 것이다. 앞의 예시처럼 아이를 대하는 것이 바람직하고 유익한 줄은 너무 잘 알지만 고단한 일상에 지쳐 친절하게 대답할 여력이 없었기 때문이다. 감정이 격한 아이를 키우는 부모라면 어느 순간 자기도 모르게 분노가 치솟아 버럭 소리를 지른 경험이 한두 번이 아닐 것이다.

감정이 격한 아이를 다르게 대할 수 있음을 보여주는 앞의 예시들은 평범한 부모가 도저히 따라할 수 없는 높은 기준이 아니다. 아이를 존중하는 표현이 필요한 상황에서 언제든지 활용할 수 있는 팁이다. 진짜 중요한 것은 구체적 표현이 아니라 표현 뒤에 숨은 입장과 태도다. 어떻게 해야 상처를 주지 않고 우리 아이와 대화를 나눌 수 있을까? 그건 당연히 모든 부모가 일상의 언어로 표현할 수 있는 부분이다. 중요한 것은 '우리 아이가 우리의 말을 통해 자기 자신과 우리에 대해 어떤 경험을 하느냐'다. 감정이 격한 아이를 키우다 보면 어쩔 수 없이 뚜껑이 열릴 때가 많지만 생각 없이 터트린 분노와 화는 아이의 자존감에 득보다 실을 많이 안긴다. 감정이 격한 아이들은 특히 마음이 여리다. 층층이 얽힌 강한 감정이 몰고 오는 내적 분열 탓에 자신을 무조건 좋고 옳은 사람이라고 느끼기가 매우 힘들다. 따라서 가장 신뢰하는 사람에게 자신이 어떤 존재인지 늘 궁금해한다. 그런데 아이는 안타깝게도 일상에서 보이는 부모의 친절보다 폭발하는 분노를 더 믿을 만한 현실로 여긴다. 감정이 강렬할수록 눈이 더 번쩍 뜨이기 때문이다. 친절하지만 어제와 똑같은 굿나잇 키스는 귀청이 떨어질 것 같은 분노의 고함만큼 무게가 없다. 그래서 일부 아이들은 '내가 누구인지, 사랑받을 가치가 있는지'를 확인하기 위해 계속 부모를 자극하고 부모의 화를 돋운다. 당연히 부모·자식관계는 서로에게 상처를 주는 악순환에 휘말리고 그 과정에서 아이의 부정적 자아상이 굳어진다. 심리치료사가 상담을 받으러 온 성인 환자에게 가장 먼저 어린 시절 부모와 갈등을 겪을 때 부모에게 들었던 말을 확인하는 이유도 다 그런 연유에서다. 내면 아이의 상처 입은 자아상은 그런 말들로 짜 맞추어진 것이기 때문이다.

그 말을 부모의 입장에서 되새겨보면 이런 의미일 것이다. 아이들은 아직 어른이 아니다. 아직 자아상이 형성되는 중이다. 지금 우리가—특히 힘들거나 화가 났을 때—아이들에게 하는 말이 훗날 아이가 자신과 타인에 대해 어떻게 생각할지를 결정한다. 어렵고 힘든 상황에서도 우리 아이를 존중하고 배려한다면 아이의 자신감과 자존감이 커질 것이다.

"우리의 행동은 결코 완벽하지 못하다. 널 완벽하게 키우지도 못할 것이며 마음만큼 사랑을 다 표현하지도 못한다. 하지만 네가 바라볼 때는 우리의 진짜 모습을 보여줄 것이고 너를 바라볼 때는 너를 볼 것이다. 온 마음을 다해 너를 볼 것이며 너의 모든 것을 사랑할 것이다."

- 미국의 심리학자 **브레네 브라운**Brene Brown

4장

아이의 격한 감정에 대처하는 법

감정은 저절로 왔다 돌아가는 마음의 움직임일 뿐이다.

격한 감정에 휩싸인 아이에게

아무리 진정하라고, 그렇게 흥분할 일이 아니라고

화를 내고 야단을 쳐봤자 소용없다.

"그냥 감정이야. 금방 지나갈 거야. 약속해."

이런 메시지를 전해야 한다.

모든 감정에는 이름이 있다

아이는 어른의 입에서 나온 말을 듣고 따라 하며 말을 배운다. 탁자나 공의 이름은 물론이고 '고맙습니다' '죄송합니다' 같은 추상적 개념 역시 관찰과 모방을 통해 학습한다.

특히 다양한 감정을 배우고 그 감정에 '이름'을 붙일 때는 어른의 모범이 중요하다. 그런데 안타깝게도 복잡한 감정을 모두 표현할 만큼 다채로운 단어를 구사할 수 있는 아이는 그리 많지 않다. 부모에게서 다채로운 표현을 배우지 못했기 때문이다. 아이가 배운 것은 그저 웃고 있거나 명랑하면 어른들이 좋아하고, 심각하거나 걱정스럽거나 슬프거나 화난 표정을 지으면 어른들이 싫어한다는 사실뿐이다. 그렇다 보니 인간의 감정이 2가지밖에 없는 듯한 인상을 받게 된다. 기분이 좋고 나쁨뿐이고, 그가운데 전자는 바람직하지만 후자는 바람직하지 않다고. 우습게도 아이들에게 감정의 단어를 많이 가르치지 않는 어른일수록 아이들에게 '갈등은 주먹 말고 말로 해결하라'고 타이르기 쉽다.

감정이 격한 아이가 강렬한 감정을 잘 처리할 수 있도록 돕는 첫걸음은 인간에게 어떤 감정이 존재하며 그 감정의 이름이 무엇인지를 아이와 함께 찾아 나서는 일이다. 아이가 지금 느낄 것 같은 감정을 어른이 말로 대신 표현해주는 방법이 꽤나 유익하다. 이 방법은 갓난아기 때부터 활용이 가능하다.

"딸랑이가 안 잡혀서 짜증이 났구나. 그렇지? 엄마도 이해해. 봐, 엄마가 조금 밀어줄게. 이제 딸랑이를 잡았어. 신나지?"

이런 부모의 독백은 시간이 흘러 아이가 대답할 수 있는 나이가 되면 진심 어린 대화로 발전한다.

"오빠가 불자동차를 뺏어서 화났구나. 그렇지?"

"엄마가 동생 젖 먹이느라 책을 못 읽어주니까 샘이 났구나."

부모의 이런 말을 통해 아이는 좋은 감정도 나쁜 감정도 세밀하게 인식하고 조금 더 자라서는 직접 표현할 줄도 알게 된다.

그러나 현실적으로 유치원생이나 초등학생인 아이의 입에서 "마음이 답답해" "마음이 불안해" "부담스러워" 같은 섬세한 감정 표현이 튀어나오면 깜짝 놀라는 어른들이 많다. '얘가 무슨 늙은이처럼 저런 말을 하지?'라고 생각할 것이다. 이는 자기감정을 정교하게 표현하는 아이가 드문 문화 탓이다. 이제 이런 문화를 바꾸어야 한다. 아이에게 다채로운 감정의 이름을 가르치고 풍요로운 감정의 세계를 경험하도록 도와야 한다.

거울 사용법

무엇보다 감정을 깨닫고 그 감정의 이름을 말하는 것이 중요하다. 우리 아이가 자신의 강렬한 감정을 잘 처리할 수 있으려면 그 감정을 깨닫고 명명할 줄 알아야 한다. 하지만 아직 아이가 어리므로 부모가 아이의 감정을 파악하여 언어의 거울에 되비춰준다면("너 지금 화났지") 아이는 그 거울을 활용하여 자신의 감정을 파악하고 이름을 붙일 수 있을 것이다.

다만 한 가지 문제가 있다. 거울에 비친 감정은 아이가 아닌 우리가 인식하는 감정이다. 그래서 자칫 엉뚱한 감정으로 오해할 소지가 있다. 부모는 자식에 대해 모르는 것이 없다고 생각하지만 부모가 생각하는 아이의 감정은 부모의 감정 상태와 상황, 평가로부터 자유로울 수 없다. 그래서 부모가 의도하지 않았어도 자신의 불안을 아이에게 무의식적으로 투사하는 일이 일어날 수 있다. 정작 아이는 친구들과 문제없이 잘 지내는데 부모가 괜히 걱정해서 소풍이나 수련회에 보내기를 망설인 탓에 아이도 결국 부모의 감정을 받아들여 소풍을 가지 않겠다고 떼를 쓰게 된다. 이런 상황을 해결하기 위해 부모는 아이의 감정을 최대한 가치중립적으로 설명하려 노력해야 한다. "너 또 유치원 가지 싫지"라며 서둘러 단정짓지 말고 "오늘 좀 긴장한 것 같네"라는 식의 표현으로 아이가 자신의 감정을 표현할 수 있는 여지를 주어야 한다. 또 아래 예시처럼 문장 끝을 단정짓지 말고 의문형으로 하여 아이의 저항이 조금이라도 느껴지면 재깍 반응을 보여야 한다.

"엄마한테 화난 것 같은데, 그래?"

(아이가 마지못해 고개를 젓는다.)

"화난 거 아냐? 그럼 슬퍼?"

(아이가 고개를 젓는다.)

"어쨌든 기분이 별론데, 그렇지?"

(아이가 머뭇거리며 고개를 끄덕인다.)

"왜 기분이 안 좋은지 엄마한테 이야기해줄 거야?"

"자동차."

"아, 오늘 어린이집에 자동차 가져가고 싶었다고?"

(아이가 고개를 끄덕인다.)

"그런데 엄마가 못 가져가게 했구나."

(아이의 눈에 눈물이 맺히고 고개를 격하게 끄덕인다.)

"그래서 실망했고 엄마한테 조금 화도 났구나."

(아이가 격하게 고개를 끄덕인다.)

"엄마도 이해해."

이렇게 부모가 아이의 감정을 진지하게 받아주고 동행한다면 아이는 혼란스러운 감정을 정리할 수 있다. 현재 자신이 느끼는 감정이 무엇이며 왜 균형을 잃게 되었는지 차츰차츰 파악할 수 있기 때문이다. 그리고 바로 이런 능력을 바탕으로 아이는 서서히 자신의 감정을 조절할 수 있게 된다.

자기통제 대신 감정조절

"정신 차려!" "그런 식의 행동은 안 돼!" 우리 세대는 이런 말을 들으며 자랐다. 정신만 바짝 차리면, 노력해서 마음을 다잡기만 하면 스트레스도, 절망도, 화도 이겨낼 수 있다고. 이 세상에는 표현해도 무방한 좋은 감정이 있고, 표현을 자제해야 하는 나쁜 감정이 있으며 나쁜 감정을 잘 억제하고 다스려야 착한 사람이 될 수 있다고, 우리는 그렇게 배웠다.

이런 메시지의 유해성은 두말할 필요가 없다. 어른들에게 그동안 억눌러온 감정에 접근하는 길을 열어주려 애쓰는 심리치료사들이 한목소리로 그 유해성을 지적하는 것만 보아도 알 수 있다. 감정은 하나를 누르면 모두가 소리를 멈춘다. 즉, 하나의 감정을 억누르면 모든 감정이 같이 숨을 죽인다. 그래서 감정을 자제하려 열심히 노력하면 마음의 동요를 느끼지 않을 수 있지만 그렇게 해서 분노나 슬픔, 불안만 잦아드는 것이 아니다. 열정과 환희, 기쁨도 가장 낮은 수준으로 떨어진다. 따라서 나쁜 감정이라고 생각되는 분노나 슬픔, 불안을 억누르면 열정과 환희, 기쁨 같은 좋은 감정들도 함께 잦아든다. 엄격한 자기통제의 대가는 언덕도, 분지도 없이 아득하게 뻗어 있는 무미건조한 평지이다. 그런 사람들은 언젠가 번아웃 증후군이나 우울증을 앓을 확률이 높다. 아니면 마음의 공허감을 메우기 위해 술이나 마약에 손을 대거나 아드레날린 분비를 촉진하기 위해 생명을 거는 위험한 익스트림 스포츠에 뛰어들 수 있다.

감정이 격한 우리 아이를 그런 어른으로 만들지 않으려면 넘치는 감정을 건강하게 처리할 수 있는 새로운 길을 우리가 가르쳐주어야 한다. 한마디로 감정조절능력을 가르쳐야 한다. 자기통제는 충동의 억압을 뜻하지만, 감정조절은 정서 반응 뒤에 숨은 원인을 파악하여 과열된 신경 시스템을 다시 안정시킬 수 있는 길을 찾는 능력이다.

"어린 시절이 지나면 세상 모든 것을 그때처럼 강렬하게 경험할 수 없다.
어른이 되어도 어린 시절이 어땠는지 잊지 말아야 한다."

\- 스웨덴의 아동문학 작가 **아스트리드 린드그렌**

어린 시절 감정이 격했던 유명인 ⑦

마임 비아릭 Mayim Bialik(1975~)

미국 유대인 가정에서 태어난 마임은 누구보다 삶의 고단함을 일찍 알아버렸다. 고통과 죽음이 가족사를 장식했기에 그녀는 밝은 감정보다 어둡고 암울한 감정을 먼저 배웠다. 하지만 어둡기만 한 것은 아니었다. 그녀는 격하고 거칠었다. 학창 시절 그녀는 다른 아이들이 울음을 터트리지 않고 하루를 지낼 수 있다는 사실을 도무지 이해하지 못했다. 기뻐도 행복해도 울지 않는 아이들을 이해할 수 없었다. 예민하고 생각이 많았으며 매우 영리했던 아이는 학교에서 외톨이였다. 사춘기가 늦게 찾아왔고 어른이 되어서야 남자에게 관심을 갖게 되었다. 십 대에 이미 TV 시트콤 <블로섬Blossom>에 출연하며 스타가 되었지만, 그녀는 학창 시절 내내 자신의 감정을 주체하지 못하고 불안한 나날을 보냈다. 그래서 한동안 할리우드를 떠나 신경생물학을 공부하였고 박사 학위를 따고 두 아이의 엄마가 되었으나 결국 시트콤 <빅뱅이론The Big Bang Theory>에서 에이미 역할을 맡으며 연예계로 돌아왔다.

현재 그녀는 강렬한 감정을 연기에 쏟아붓고, 책을 집필하며 채식주의자로 동물보호에 앞장서는 등 비폭력 교육에 매진하고 있다. 나아가 공감의 힘으로 세상을 이해하고자 하는 사람들을 위해 온라인 커뮤니티 '그록 네이션Grok Nation'을 만들었다. 자신의 유튜브 채널에 올린 영상에서 그녀는 말했다.

"그동안 나는 내 강렬한 감정을 약점이라고 느꼈다. 나 자신은 물론이고 많은 사람에게 그 감정들이 불쾌감을 주었기 때문이다. 맞다. 쉬지 않고 그렇게 강렬한 감정을 느낀다는 것은 참으로 고된 일이다. 하지만 지금 나는 그 강렬한 감정을 엄청난 힘이라고 생각한다."

감정이 격한 아이는
무엇 때문에 스트레스를 받을까?

감정이 격한 아이는 주변 세상을 온몸의 감각으로 강렬하게 인지한다. 그 말은 수많은 자극이 아이의 두뇌로 강하게 밀려들고, 때론 모순되고도 강렬한 정서적 동요를 유발한다는 뜻이다. 예민하지 않은 사람은 밀려오는 감각을 자동으로 여과해 과도한 자극을 효과적으로 예방하지만, 감정이 격한 아이에게는 방어 기능이 거의 없다. 모든 감각 인상이 여과되지 않은 채 그대로 밀려온다. 문제는 여기서 끝나지 않는다. 감정이 격한 아이는 이런 강한 자극을 즐기기 때문에 의도적으로 자극을 찾아 나선다. 하지만 그것도 잠시뿐, 얼마 못 가 자극에 힘들어하며 끙끙댄다. 매우 예민한 아이는 본능적으로 자극을 피하는데 감정이 격한 아이는 오히려 자극을 향해 덤벼든다. 사람들이 북적이는 곳에서도 머뭇거리지 않고, 극장에서 보기 힘든 장면이 나와도 눈을 감지 않는다. 오히려 사람들 틈을 비집고 들어가 눈을 동그랗게 뜨고 화면을 응시하며 그 모든 인상을 흡수하지만 그것도 잠시, 그 강렬한 인상들을 제대로 받아들이지 못해 허덕이며 괴로워한다. 이 때문에 감정이 격한 아이를 키우는 부모는 아이의 반응을 전적으로 믿을 수가 없다. 자신이 처리할 수 있는 자극의 양을 제대로 가늠하지 못해 항상 경계를 넘어버리기 때문이다. 이 특징이 바로 감정이 격한 아이의 본성이다.

물론 이 아이들도 점차 배워나갈 수 있다. 얼른 경고 신호를 깨달아 자극의 홍수를 예방할 수 있다. 그러자면 부모가 먼저 아이에게 스트레스가 될 수 있는 요인들을 잘 파악하고 미연에 차단하기 위해 노력해야 한다. 감정이 격한 아이에게 스트레스를 줄 수 있는 일상 속 요인을 알아보자.

신체에 불쾌한 자극을 주는 요소

- 너무 헐렁하거나 몸에 꽉 끼거나 너무 까칠하거나 너무 흘러내리는 옷
- 조이는 헤어밴드나 고무줄
- 피부에 자극이 남을 만큼 꽉 끼는 속옷
- 불쾌감을 남기는 크림이나 로션
- 향이 너무 강한 치약
- 자연스러운 걸음걸이를 방해하는 신발

시각에 자극을 주는 요소

- 방이나 교실 내부의 강렬한 색깔
- 정신없는 무늬
- 모양과 색이 너무 다양한 장난감
- 보기에 괴로울 정도로 어질러진 집
- 깜박이는 빛(LED등이나 에너지 절약등)
- 어둠 속의 작은 빛(TV나 오디오 기기 불빛)
- 영화나 TV의 빠른 장면 전환

청각에 자극을 주는 요소

- 여러 사람이 한꺼번에 떠드는 소리
- 고음의 큰 소음(교실에서 나는 귀 아픈 소음 등)
- 시끄러운 음악 소리(행사장에서 들리는 시끄러운 음악 소리 등)
- 집에서 계속 들리는 배경 소음(TV나 라디오 소리, 식기 세척기나 건조기 돌아가는 소리)
- 교통 소음

후각에 자극을 주는 요소

- 불쾌한 냄새를 풍기는 현관의 신발
- 환기하지 않은 방

- 냄새가 심한 생필품
- 인공적인 향 제품
- 세제나 비누
- 쓰레기통

정서에 자극을 주는 상황

- 누군가 욕을 하거나 야단치는 소리를 들을 때
- 누군가 불안을 조장하거나 들들 볶을 때
- 상대의 비난이 느껴질 때
- 누군가 하소연할 때
- 누군가 거짓말할 때
- 말과 뜻이 다를 때
- 자제하지 못하는 분노와 공격성을 직접 경험하거나 옆에서 지켜보아야 할 때
- 정서적 공격을 경험하거나 옆에서 지켜보아야 할 때
- 타인의 불행을 알면서 아무것도 할 수 없을 때

루틴이 깨지는 상황

- 남의 집 등 집 밖에서 잘 때
- 낯선 곳으로 여행을 갈 때

- 새로운 장소에 가거나 모르는 언어를 접할 때
- 엄마나 아빠가 집을 비울 때
- 이사할 때
- 새 학기가 시작되어 학급이 바뀔 때
- 인테리어를 새로 하거나 가구를 새로 구매할 때
- 익숙한 규칙이나 의식이 무너진 예외 상황에 처했을 때

스트레스 대처법

스트레스 요인이 이렇게 많으니 감정이 격한 아이를 키우는 부모는 난감할 수밖에 없다. 일상에 널린 이 온갖 자극을 어떻게 다 막아준단 말인가? 그러나 다행히도 모든 아이가 모든 자극에 매번 스트레스를 받는 것은 아니다. 잘 살펴보면 각각의 아이마다 다른, 특히 예민한 지점을 찾을 수 있다. 아이의 삶에서 스트레스 요인을 몽땅 제거하는 것이 부모의 소임도 아니다. 어떤 자극에 특히 힘들어하는지를 파악하고 아이가 앞으로 그 스트레스 요인에 잘 대처할 수 있도록 전략을 함께 세워나가는 것이 부모가 할 일이다. 그런데 흥미로운 점은 부모가 스트레스 요인을 제거하지 않고 그것에 대처하는 방법만 바꾸어도 아이의 스트레스 수치가 눈에 띄게 줄어든다는 사실이다. 예를 들어 힘든 상황을 털어놓는 아이의 말을 부모가 경청하고 인정하기만 해도 스트레스 수치가 뚝 떨어진다. 여덟 살 태훈이가 학교에서 아이들이 너무 떠들어 괴롭다고 엄마에게 하소연한다고 해서 엄마가 팔 걷어붙이고 당장 학교로 달려갈 이유는 없다. 그저 "애들이 뭘 떠든다고 그래! 엄마가 가서 보니 조용하기만 하던데"라고 아들의 느낌을 무시하거나 "그럴 리가 없어"라고 부정하지 않고 아이의 고통에 공감하며 솔직한 심정을 말하면 된다. "애들이 떠들면 정말 힘들겠구나. 그래도 엄마는 학교에 잘 다녀주는 네가 참 기특해." 엄마가 이렇게 아이의 말을 들어주고 인정해주는 말을 한마디 하면 그밖에 아무것도 하지 않아도 아이의 회복탄력성을 엄청나게 키울 수 있다. 신경을 곤두세워야 했던 스트레스 요인의 영향력도 시간이 흐를수록 대부분 눈감고 넘어갈 수 있는 수준으로 줄어든다. 많은 요인이 아이에게 스트레스를 전혀 유발하지 않을 것이고, 설사 부담을 느낀다 해도 더 이상 부모가 신경 쓰지 않아도 될 정도까지 괜찮아질 수 있다. 그래도 여전히 아이를 괴롭히는 스트레스 요인이 있다면 부모가 잘 대처하여 도와주면 된다.

"사실 아이들은 스트레스 해소에 도움이 될 만큼 충분한 도움과 보살핌과 친밀함만 있어도 스트레스를 무한정 견딜 수 있다. 그러나 옆에 있는 어른들이 삶의 일부인 스트레스 반응에 잘 대처하는 모범을 보여주지 못하면 문제는 심각해진다."

- 덴마크의 가족심리상담사 **예스퍼 율**Jesper Juul, 《아이들이 평생 안고 갈 4가지 가치 Four Values That Will Support Your Children Throughout Life》

스트레스 요인을 장기적으로 줄여나가기

우리 아이에게 스트레스를 주는 가장 강력한 자극이 무엇인지에 따라 대처법도 달라진다. 예를 들어 학교나 유치원에서 친구들이 너무 떠들어서 귀가 아프다면—매우 흔한 문제다—선생님과 상담하여 해결책을 모색할 수 있다. 귀마개를 사주고 너무 시끄러울 때 귀에 꽂으라고 하면 좋은데, 이것 역시 선생님과 미리 상의하고 아이가 귀마개를 꽂고 있더라도 양해해달라고 말씀드리는 것이 좋다. 딱딱한 나무 의자 때문에 엉덩이가 아프다는 아이에게는 푹신한 방석을 주면 된다. 아이를 제일 앞줄에 앉히는 것이 의외로 좋은 효과를 발휘할 때가 많다. 소란스러운 친구들이 시야에서 사라지면 훨씬 마음이 안정되기 때문이다. 하지만 보통의 학교나 유치원에서 예민하고 감정이 격한 아이들의 욕구를 완벽하게 충족시키기란 불가능에 가깝고, 사실 그럴 필요도 없다. 감정이 격한 아이들도 기본적인 회복탄력성을 타고나기 때문에 이를 활용하여 힘든 상황에서도 잘 대처해나갈 수 있다.

감정이 격한 우리 아이도 당연히 어린이집을 다니고 학교에 가며 학원에도 간다. 그러나 아이가 집에 돌아올 때는 회복탄력성이 고갈된 상태일 것이다. 지치고 피곤하고 스트레스가 가득해서 스트레스 요인을 견딜 힘이 더 이상 남아 있지 않을 것이다. 그런 아이에게 집은 쉼터이자 긴장을 풀 수 있는 휴식처여야 한다. 집에서 푹 쉬고 힘을 모아야 다시 세상으로 나갈 수 있을 테니 말이다.

휴식 공간을 마련한다

아이가 어린이집 앞으로 마중 나온 엄마를 보자마자 짜증부터 낸다면 엄마도 기분이 좋을 리 없다. 아이를 데리고 집에 가는 길에 잠깐 장이라도 보려고 마트에 들렀는데 아이가 안 들어가겠다면서 떼를 쓰고 신경질을 부린다. 분명 어린이집 선생님은 오늘 아이가 잘 놀았다고 말씀하셨는데 말이다.

어린이집이나 학교에서 하루를 보낸 아이는 젖 먹던 힘까지 짜내서 완주를 마친 마라톤 선수와 같다. 그 선수에게 잠깐 저녁 찬거리 사러 마트에 가자고 하면 기분이 어떨 것 같은가? 완주를 마친 마라톤 선수는 최대한 빨리 집으로 가서 씻고 따뜻한 코코아나 차가운 레모네이드를 한잔 마신 후 발을 높이 올리고 누워야 한다. 감정이 격한 우리 아이 역시 힘든 하루를 보낸 후에는 그런 휴식 시간이 필요하다. 아니, 그냥 필요한 수준이 아니라 절실하다. 물론 마라톤 선수처럼 발을 높이 올리고 숙면을 취할 필요까지는 없겠지만 적어도 더 이상의 스트레스 요인은 없어야 한다. 부모가 더 이상 이런저런 요구를 해서는 안 된다.

적절한 휴식 공간은 아이마다 다르다. 야외의 나무 그늘을 좋아할 수도 있고 최대한 자극이 적은 집 안을 더 좋아할 수도 있다. 이상적인 공간은 아이에게 익숙하고 편안한 자기 방이다. 따라서 부모가 그동안 미처 알아채지 못했던 스트레스 요인이 아이의 방 안에는 없는지 잘 살펴서 가장 편안한 휴식 공간으로 만들어주어야 한다. 벽에 너무 화려한 포스터가 붙어 있지는 않은지, 시계가 째깍거리는 소리가 거슬리지 않은지, 장난감이나 책이 너무 많지는 않은지 살펴야 한다.

아이 방을 대청소하고 나니까 아이의 스트레스가 많이 줄었다고 고백하는 부모가 의외로 많다. 물론 대청소를 하기 전에는 아이에게 설명을 잘 해야 한다. 부모가 무조건 자기 물건을 다 갖다 버린다는 느낌이 들게 해서는 안 된다. 자신이 방을 안 치워서 부모가 화가 나 벌을 주기 위해 방을 치웠다는 인상을 주어서도 안 된다. 방의 구조를 바꿀 때는(이런 변화도 감정이 격한 아이에게는 스트레스이다) 줄곧 다정한 태도를 보여야 한다. "우리가 너를 생각해서 변화를 주는 것이니 생각대로 잘되는지 한번 보자꾸나." 이런 메시지를 전달해야 한다. 아이가 지켜보는 가운데 물건을 정리하면서 무작정 버리지 말고 지하실이나 다락 같은 다른 장소에 잘 보관한다면 아이의 거부감이 훨씬 덜할 것이다. 정리가 끝난 깨끗한 방은 엄마의 자궁처럼 자극이 없고 편안하게 느껴질 것이다. 더 이상의 물건은 쓸데없다. 아이에게 필요한 것은 이미 다 갖추었으니 말이다. 질서와 고요함, 온화한 색깔과 부드러운 빛 그리고 무엇보다 아늑함이 있다.

아이 방 꼴이 누가 트럭으로 플라스틱 쓰레기를 실어 와서 부려놓은 것 같았어요. 레고 조각과 바비 인형 옷, 동물 인형, 퍼즐 조각, 책, 연필 등. 애들은 어떻게 했느냐고요? 그대로 놔두고 거실로 와서 놀았죠. 울화통이 터져서 고함을 지르고 싶은 마음이 굴뚝같았어요. 예전에 우리 엄마가 그랬던 것처럼 당장 안 치우면 다 갖다 버리겠다고 협박하고 싶었죠. 하지만 그게 얼마나 무서운지 저는 잘 알아요. 엄마가 당장 안 치우면 다 갖다 버리겠다고 화를 낼 때마다 겁이 나서 간이 콩알만 해지는 것 같았거든요. 엄마 협박에 놀라 치우려고 얼른 방으로 뛰어 들어가지만 너무 어질러져서 어디서부터 손을 대야 할지 막막했던 기억이 있어요. 우리 아이들한텐 그런 불안감을 주고 싶지 않았어요.

몇 주 전에 한 엄마의 블로그에서 읽은 글이 떠올랐어요. 실험 삼아 아이들한테 잘 이야기하고 방을 싹 치웠더니 아이들도 너무 좋아했다는 내용이었죠. '나도 한번 해볼까? 어쩌면 우리 아이들도 장난감이 넘치는 방이 좋지만은 않을 거야.' 문득 이런 생각이 들었어요. 그래서 아이들한테 말했죠. "오늘 우리 실험을 한번 해보자. 딱 한 가지 장난감만 남기고 너희 방에 있는 장난감을 싹 치우는 거야. 그 장난감이 지겨워지면 엄마한테 말해. 다른 장난감으로 바꿔줄게." 아이들은 황당하다는 표정으로 나를 쳐다보았죠. 하지만 싫다고 하지 않았어요. 방에 널린 장난감을 상자에 집어넣을 때는 옆에서 거들기도 했죠. 치우다 보니 정말 어마어마하더군요. 그렇게 많을 줄은 몰랐어요. 다 치우고 상자를 지하실로 옮기고 나자 좀 삭막하다는 느낌은 들었지만 방이 넓어 보였고 훤해졌어요.

놀라운 점은 한 가지 장난감을 선택하라고 하자 아이들이 조금도 망설이지 않고 결정을 내렸다는 거예요. 영훈이는 레고 상자 하나, 희강이는 인형과 옷장과 인형 침대를 골랐어요. 지금까지도 아이들은 장난감을 바꾸어달라는 말을 하지 않아요. 놀다가 필요한 게 있으면 거실에 있는 물건을 갖고 노는 아이디어를 내더라고요. 쿠션이 동굴이 되었다가 공주가 사는 성이 되기도 하고, 국자가 화살이 되었다가 마법 지팡이가 되기도 해요. 지금은 방 청소에 1분도 안 걸려요. 애들한테 소리 지를 일도 없고요. 나중에야 깨달았어요. 아이들이 고른 장난감은 자기들이 진심으로 원해서 사주었던 장난감이었어요. 나머지는 다 아이들이 사달라고 하지도 않았는데 주변 어른들이 선물로 사주었던 것들이고요. 그러니까 괜히 굴러다니기만 했던 거죠. 벌써 6개월이 지났지만 아이들은 다른 장난감을 달라고 한 적이 한 번도 없어요.

– 신영

회복탄력성을 키운다

같은 스트레스에도 아이들의 반응은 똑같지 않다. 집에서는 착하게 이를 잘 닦던 아이가 여행을 가서는 똑같은 치약인데도 맵다고 이를 안 닦겠다고 우긴다. 해변에서는 친구들과 잘 어울려 놀더니 집에서는 갑자기 똑같은 놀이를 안 하겠다고 운다. 부모는 아이가 괜히 심술을 부리거나 떼를 쓴다고 오해하기 쉽다. 정말 아이가 괜히 억지를 부리는 걸까? 어제는 좋다더니 오늘은 싫다고 하니 말이 되는가?

이유는 간단하다. 감정이 격한 아이가 느끼는 스트레스의 강도는 아이의 기본 스트레스 수위에 좌우되기 때문이다. 즉 어떤 상황에서 이미 스트레스를 상당히 느끼고 있었다면 다른 스트레스가 조금만 더해져도 견디기 힘들어 하고 평소보다 더 예민하게 굴고 짜증을 낸다. 여행을 가서 평소 쓰던 치약에 시비를 건다면 괜한 트집이 아니라 장소가 바뀐 상황이 이미 아이에게 상당한 스트레스로 작용했기 때문이다. 반대로 해변에서는 잘 놀던 아이가 집에 와서 똑같은 놀이를 하지 않겠다고 짜증을 부린다면 이는 오전에 학교에서 힘을 너무 많이 써버려서 여력이 없기 때문이다.

이렇듯 상황이 달라지면 아이의 회복탄력성도 달라지지만 아이의 기본 스트레스를 최대한 줄일 수 있는 아주 간단한 방법이 있다. 몸과 마음의 기본 욕구를 충족시키는 방법이다. 기본 욕구가 충족되면 웬만한 스트레스에도 끄떡없다. 기본 욕구의 예는 다음과 같다.

충분한 수면

감정이 격한 아이는 자신의 수면 욕구를 잘 감지하지 못한다. 낮에는 신기하고 재미난 것이 너무 많아서 잠을 잘 수가 없고 밤에는 낮 동안의 경험에서 헤어나지 못해 쉽게 안정을 찾지 못한다. 새벽 무렵에야 겨우 깊은 잠에 빠지지만 얼마 못 가 다시 일어나야 할 시간이 된다. 따라서 부모가 옆에서 조절해주어야 한다. 아이가 충분히 잠을 잘 수 있는 여건을 조성해야 한다. 오후에 유모차에 태워 산책을 나가거나 큰 침대에 같이 누워 음악을 듣거나 책을 읽어주면서 함께 휴식을 취하는 것도 좋은 방법이다. 또 취침 시간을 정해놓고 그 시간이 되면 최대한 TV나 스마트폰을 끄고 조용한 분위기를 만들어야 한다. 아이가 안심하고 잘 수 있게 잠이 들 때까지 부모가 옆에서 지켜봐주는 것도 좋다.

건강한 식사

감정이 격한 아이는 한시도 가만히 있지 않고 다음 모험을 기다리기 때문에 식사 시간에도 차분히 앉아 밥을 먹지 않는다. 그러다 허기가 지면 얼른 먹어치울 수 있는 간식으로 배를 채운다. 당연히 달고 기름진 음식에 자꾸 손이 간다. 진화적인 관점에서 보면 매우 의미 있는 행동이다. 계속해서 움직이는 사람은 고칼로리 식사를 해야 필요한 에너지를 공급받을 수 있기 때문이다.
문제는 진화가 지금의 마트 세계를 예상치는 못했다는 사실이다. 그나마 어른들은 어느 정도 자제력이 있기 때문에 감자칩이나 달콤한 간식 대신 과일과 야채를 먹으려 노력한다. 하지만 아이들은 그런 자제력을 발휘하기가 힘들고, 감정이 격한 아이들이야 더 말할 것도 없다. 따라서 부모의 도움이 필요하다. 뷔페처럼 여러 가지 음식을 만들어 아이가 마음대로 골라 먹을 수 있게 하는 방법도 좋다. 간식도 최대한 설탕이 적은 것으로 골라 먹이면 좋고 집에서 건강한 식재료로 직접 만들어 먹인다면 더할 나위가 없이 좋다. 단것을 먹일 때도 규칙을 정하면 좋다. 예를 들어 아이가 학교에서 돌아오면 코코아 1잔과 비스킷 몇 개를 내주며 그날 있었던 일을 물어본다. 이런 규칙을 만들어두면 온종일 단것만 계속 찾는 일이 없어진다.

충분한 운동

감정이 격한 아이는 대부분 다른 친구들보다 운동 욕구가 강하다. 특히 학교에서 오전 내내 가만히 앉아 있었다면 더욱 몸을 움직이고 싶어 한다. 문제는 학교에 갔다 집에 오면 이미 너무 피곤해서 기력이 달린다는 데 있다. 몸은 피곤해서 죽을 것 같지만 몸을 움직이고 싶은 욕구는 채워지지 않는다. 이럴 때는 오후의 일과를 명확하게 나누는 것이 좋다. 일단 학교에서 돌아오면 잠시 쉬었다가 (가능하다면 밖에서) 신나게 뛰어놀고, 잠자기 전에는 다시 차분한 시간을 보내도록 시간을 잘 분배하면 된다.

보통은 아이의 운동 욕구가 지친 부모가 낼 수 있는 여력보다 훨씬 강하기 때문에 오후 활동 계획을 짤 때 부모와 아이 양쪽의 욕구를 잘 조절하여야 한다. 예를 들어 부모는 천천히 산책하면서 아이에게 자전거를 타고 먼저 약속한 지점까지 다녀오라고 시키면 된다. 휴대전화를 이용해 왕복 시간을 재면 아이는 훨씬 즐거워하며 자전거를 탈 것이다. 또 놀이터에서 아이가 신나게 뛰어놀 동안 부모는 벤치에 앉아 커피를 마시며 아이를 지켜보면 된다.

아이들을 모아 운동을 시키는 도장이나 클럽에 보내는 것도 좋은 방법이지만 집단 활동은 감정이 격한 아이에게 스트레스가 될 수 있다. 물론 그것 자체는 나쁠 것이 없지만 앞에서 설명한 대로 아이가 학교에서 돌아오자마자 축구 클럽에 가라고 등을 떠밀면 평소 공차기를 즐기던 아이라도 짜증을 낼 수 있다. 클럽에 가는 시간을 조절해서 휴식을 충분히 취하게 한 다음에 보내거나 학교 운동장에 데리고 가서 마음껏 공을 차게 하는 것도 좋다.

몸이 편해야 마음도 편한 법

몸이 편한 게 제일이다. 특히 감정이 격한 아이는 조금만 불편해도 스트레스가 치솟기 때문에 몸이 편하도록 신경을 써주어야 한다. 아이가 편하다는 옷만 입히고 헤어스타일도—숏커트든, 긴 머리든—아이가 좋아하는 대로 해주면 스트레스가 많이 줄어든다.

별다른 이유가 없는데도 피부가 간지럽고 따갑다고 호소하는 아이들이 있다. 감정이 격한 아이들 중에는 피부가 정말 얇아서 다른 사람들이 느끼지 못하는 자극에도 예민하게 반응하는 아이들이 많다. 또 마음이 편치 않으면 곧바로 몸이 반응을 하여 피부가 따갑다거나 배가 아프다는 등 스트레스 반응을 보이는 아이들도 많다. 이 경우에도 아이와 함께 스트레스 반응을 줄이고 기본 스트레스를 낮출 방법을 찾아야 한다. 예를 들어 마음 안정에 좋은 차를 마시게 하거나 핫팩을 데워 배에 얹어주거나 오일 마사지로 아이의 긴장을 풀어줄 수 있다.

감정은 감정일 뿐

그리움, 부끄러움, 죄책감, 두려움.

행복, 안도감, 소속감.

호기심, 관심, 열광, 의욕.

슬픔, 실망.

권태감, 외로움.

사랑.

증오.

분노, 화, 짜증.

이 모든 감정은 인간이란 존재의 일부이다. 그리고 이 모든 감정은 우리 마음대로 조절할 수가 없다. 감정은 예상치 못한 순간 예상치 못한 강도로 엄습하여 우리의 계획을 엉망으로 만든다. 특히 감정이 격한 아이처럼 감정의 소용돌이에 자주 휘말리는 사람이라면 강렬한 감정이 삶을 고달프게 만드는 적같이 느껴진다. 감정에 휘말리면 들리지도 보이지도 않으니 사람들의 말을 따를 수도, 사람들과 협력할 수도 없다. 투철한 정의감 탓에 고집불통처럼 보이고 화를 벌컥벌컥 내기 때문에 무례해 보이며, 예민하다 보니 놀림감이 되고 남들과 다르기에 외톨이가 된다. 당연히 남들보다 크고 강한 자신의 감정들이 의지로도 꺾을 수 없는 무시무시한 적군처럼 느껴진다.

따라서 부모는 아이에게 아무리 감정이 강렬하고 압도적이어도 감정은 마음의 움직임일 뿐이라고 가르쳐야 한다. 감정은 저절로 왔다 돌아가는 마음의 움직임일 뿐이다. 격한 감정에 휩싸인 아이에게 아무리 진정하라고, 그렇게 흥분할 일이 아니라고 화를 내고 야단을 쳐봤자 소용없다. "그냥 감정이야. 금방 지나갈 거야. 약속해." 이런 메시지를 전해야 한다.

감정의 이미지를 찾는다

감정에 대해 이야기를 할 때 우리는 추상적인 개념을 많이 사용한다. '처리'나 '억압', '기폭제'나 '트라우마' 같은 어려운 말도 더러 입에 올리며 아는 척을 한다. 하지만 정작 감정이 밀어닥칠 때 구체적으로 무엇을 하는지에 대해서는 아무도 말을 하지 않는다.

'감정을 충분히 음미할까?'

'억지로 쫓아버릴까?'

'가만히 들여다볼까?'

'외면할까?'

우리 아이에게 감정에 대처하는 방법을 가르치려면 기쁨이나 슬픔을 느낄 때 우리가 정확히 무엇을 어떻게 대처해야 하는지부터 알아야 한다. 그다음으로 나의 감정 대처법을 아이에게 대물림

해도 되는지 스스로에게 물어야 한다. 특히 어두운 감정에 대처하는 방법에 문제가 있다고 느낀다면 아이와 함께 새로운 대처법을 고민할 필요가 있다. 혹시 당신은 화가 나면 이유도 말하지 않고 무조건 공격적으로 돌변하는가? 마음이 울적하면 과자를 들고 TV 앞에서 시간을 보내는가? 건강한 감정 대처법의 기본자세는 바로 이렇게 생각하는 것이다. 감정은 감정일 뿐이다! 좋지도 나쁘지도 않다. 감정은 그냥 거기 있는 것이기에 자세히 들여다보고 존중해줄 필요가 있다!

문제는 '어떻게'다. 어떻게 감정에 대처할 것인가? 느껴서는 안 될 감정은 없지만 해서는 안 될 행동은 있다. 자신이나 타인에게 해가 되는 행동을 절대 하면 안 된다. 특히 공격적 감정이 밀려올 때는 혹시 나의 이런 감정이 자신이나 타인에게 해가 되지는 않을지 부단히 물어야 한다.

우리는 어른이기 때문에 잘 안다. 화가 치밀어서 쿠션을 두들기는 것은 괜찮지만 부장님의 얼굴을 때려서는 안 된다. 짜증이 나서 마음속으로 욕을 하는 건 괜찮지만 상대의 뺨을 때려선 안 된다. 실망하고 질투가 나서 연애편지를 태우는 건 괜찮지만 애인의 자동차에 불을 질러서는 안 된다.

이처럼 사회가 허용하는 바람직한 감정 처리 방법을 아이들에게 가르칠 때는 구체적 이미지를 사용해 추상적 개념을 설명하는 것이 매우 유익하다. 예를 들어 감정이 격한 여덟 살 아들을 키우는 엄마 영애는 힘과 에너지가 넘치지만 파괴력도 대단한 로켓에 아이의 분노와 화를 비유하였다. 로켓을 아무 데나 마구 쏘면 대형 참사가 일어날 수 있다. 하지만 힘과 에너지를 잘 조절하면 달까지 날아갈 수도 있다. 엄마의 설명을 들은 아들은 화가 날 때마다 자신의 감정을 조종만 잘 하면 막강한 힘을 발휘할 수 있는 로켓이라고 상상하였고 엄마와 함께 그 힘을 건설적인 방향으로 돌릴 수 있는 길을 찾았다. 예를 들어 운동을 하거나 놀이터에서 신나게 뛰어놀거나 목공예 등을 했다. 영애 역시 그런 비유를 통해 아들을 새로운 눈으로 볼 수 있게 되었다. 까다롭고 변덕이 심해 키우기 힘든 아이가 아니라 에너지가 넘치는 로켓 소년으로 말이다.

저는 산모의 분만을 돕는 조산사이기 때문에 강렬한 감정에는 익숙합니다. 출산의 순간 부모는 온갖 감정을 동시에 느끼지요. 흥분과 기대, 공포와 아픔, 슬픔과 실망, 피로와 환희. 그 모든 감정이 한꺼번에 몰아치기 때문에 산모가 진정으로 원하는 것을 간파하기 위해 정말 세심하게 관찰해야 해요. 그런데도 우리 아들의 격렬한 감정은 저도 감당이 안 될 정도였어요. 산모들은 어른이니까 아무리 감정이 격해도 한계가 있는데 아이는 도무지 그런 게 없었으니까요.

어느 날 제가 산통에 시달리는 산모들에게 늘 하던 말이 떠올랐어요. 통증을 무찌르려고 하면 진다고, 통증이 더 심해진다고. 통증에 저항하지 말고 그냥 나를 내맡기면 통증도 서서히 사라진다고.

격한 감정도 통증과 같다고 믿어요. 우리의 슬픔과 절망, 고통을 무찔러야 하는 적으로 생각하면 질 수밖에 없어요. 감정에 맞서지 말고 감정의 힘을 받아들이고 느끼면 감정도 어느 순간 자취를 감춘답니다.

그래서 아들에게 감정이 밀려오면 억지로 없애려고 하지 말고 의식적으로 느껴보라고 가르쳤어요. 우리가 아이와 함께 작은 생각 여행을 떠나는 거죠. "지금 무슨 감정을 느껴?" "감정의 색깔이 뭐야?" "느낌은 어때?" 아이는 분노를 '이글이글 타오르는 붉은 불공'이라고 표현해요. 슬픔은 '무거운 검은 돌'이라고 말하고요. 그럼 우리는 그 감정을 가만히 바라보며 잠시 느낀 다음 공중으로 힘껏 던져요. 휙! 그럼 아무리 무서운 감정이라도 휘익 날아가 버린답니다.

– 다섯 살 경수를 키우는 엄마 선화

슬퍼해도 돼

화가 나서 길길이 날뛰는 아이를 차분히 지켜보기도 힘들지만 슬픔에 젖어 훌쩍이는 아이를 보고 있자면 더 마음이 아프고 괴롭다. 아이가 짜증을 부리고 화를 내는 건 당연하다고 생각하지만 울적한 아이는 아이답지 않다고 생각하는 사회 분위기의 탓도 크다. 부모는 그런 문화에서 자랐기 때문에 아이가 슬퍼하면 어쩔 줄 모르고 얼른 아이의 기분을 좋게 되돌려놓아야 한다는 강박에 사로잡힌다. 그래서 얼른 단것을 주거나 TV를 틀어 아이의 관심을 딴 곳으로 돌리거나 아이가 알아서 기분을 풀 때까지 모른 척 외면한다. 슬픔에 빠진 우리 아이는 거의 빠짐없이 이런 말을 듣는다. "괜찮아." "별일 아냐." "슬퍼하지 마!"

부모는 좋은 뜻이었지만 그런 말을 들은 아이는 자신의 슬픔이 잘못인 것 같은 기분이 든다. 슬퍼해서는 안 될 것 같은 느낌, 이곳은 슬픔이 있어야 할 자리가 아닌 것 같은 기분이 든다. 하지만 슬픔은 중요한 감정이고, 나이에 관계없이 모든 인간은 슬픔을 느끼고 표현할 권리가 있다. 슬픔은 지금 이 순간 무엇이 문제인지를 알려줄 뿐 아니라 우리가 가장 소중하게 생각하는 사람이 누구인지, 우리 인생에서 진정으로 소중한 것이 무엇인지, 우리가 무엇을 그리워하는지를 알려주며, 그로써 비옥한 행복의 토양을 마련한다. 그러므로 슬픔에 빠진 아이가 부모에게 바라는 것은 그 슬픔을 함께 견디고 다시 슬픔에서 빠져나올 길을 찾겠다는 마음이다. 아래의 표현들로 그 마음을 알릴 수 있다.

- "살다 보면 누구나 슬플 때가 있단다."
- "오늘 네가 무척 힘들어 보이는구나."
- "네 곁에 있을게."
- "네가 슬프다니 엄마도 슬퍼. 우리 잠시 함께 슬퍼할까?"
- "왜 슬픈지 엄마한테 말해줄래?"
- "엄마는 네가 슬픈 이유를 알고 싶어."
- "저런, 정말 힘들겠구나."
- "엄마가 안아줄까?"
- "억울하다고 생각하지?"
- "엄마가 위로해줄까?"
- "어떻게 하면 기분이 풀릴까?"

자유는 생존의 명약

"내가, 내가, 내가 할 거야!" 반항기가 되면 부쩍 늘어나는 아이들의 이 외침은 감정이 격한 아이의 인생 모토로 아주 적합해 보인다. 감정이 격한 아이는 무엇이든 다 직접 하고 싶고 무엇보다 직접 결정을 내리고 싶다. 이 아이들은 무엇을 하고 말지를 스스로 결정하고 싶은 욕망이 누구보다 강하다. 부모 입장에서는 난감할 때가 많다. 물론 아이가 무엇이든 스스로 책임을 지겠다고 하니 기특하고 대견하지만 부모는 아이를 보살필 의무가 있는 사람이므로 아이를 보호하기 위해 혹은 가정의 평화를 지키기 위해 아이의 자유를 제약해야 하는 상황이 자꾸 생기기 마련이다. 보통의 아이들은 사춘기가 될 때까지 부모의 그런 요구를 대부분 수긍하지만 감정이 격한 아이는 아주 어릴 때부터 단지 어른이라는 이유로 타인의 자유를 제약하면 부당하게 느끼고 반항심을 품는다. 이 아이들의 자율 욕구는 덴마크의 가족심리상담사 예스퍼 율의 표현대로 '교육 알

레르기'를 일으킬 정도로 강하다. 많은 부모는 반항심을 위협으로 느껴 아이의 욕구를 더 제약하고 더 엄하게 다스리려고 한다. 마치 반드시 이겨야 하는 권력 투쟁이 벌어진 것처럼 말이다.

바람직한 대응은 자율과 책임을 원하는 아이의 욕망을 진지하게 받아들이되 아이에게 무작정 다 맡기지 않는 것이다. 아무리 자유의 욕망이 강해도 아이는 아이다. 부모의 보호와 동행이 필요하다. 다만 아이를 너무 옥죄거나 지켜야 할 경계선을 넘어서는 안 된다. 구체적으로 설명하면, 감정이 격한 아이는 가능하다면 최대한 많은 부분에서 아이 스스로 책임을 지도록 맡기는 것이 좋다. 물론 아이가 기댈 곳 하나 없이 혼자라는 느낌을 받게 해서는 안 된다. 따라서 부모는 아이를 위해 필요하다고 생각한 모든 경계, 모든 금지를 다시 한번 비판적으로 따져볼 필요가 있다. '정말 꼭 이럴 필요가 있을까?' '현실적으로는 아무 문제가 없는데 괜히 원칙을 고수하느라 고집을 부리는 것은 아닐까?' 하고 말이다.

연령에 따라
허용할 수 있는 자유의 범위

감정이 격한 아이는 간섭을 싫어한다. 그러나 한편으로는 의지할 수 있는 굳건한 울타리가 필요하다. 부모는 아이의 연령과 몸과 마음의 성숙도를 고려하여 이 둘의 긴장관계를 잘 조절해야 한다.

신생아

젖을 얼마나 자주, 얼마나 많이 먹을지를 아이 스스로 결정한다. 아이는 엄마를 찾거나 잠투정을 하거나 쉬고 싶다거나 놀아달라는 등 여러 신호를 보낸다. 부모는 아이에게 먹일 식품과 분유의 종류를 선택하고 아이가 잘 곳을 정하고, 신체 접촉과 놀이의 욕망을 채워줄 방법을 결정한다.

유년기

어떤 옷을 입을지 아이가 결정한다. 날씨에 맞지 않은 옷을 골랐다면 부모가 중간에 갈아입을 수 있는 여벌 옷을 챙긴다. 또 먹는 음식의 종류, 놀이 방법도 아이가 정한다. 부모는 잠자기 전 저녁 시간을 차분하게 보내 아이가 잘 잘 수 있는 분위기를 조성하고 아이의 신체 위생(기저귀 갈기, 이 닦기)을 챙긴다. 물론 이때도 완력으로 강제해서는 안 되며, 위생을 적절히 유지할 수 있는 방법을 아이와 함께 모색해야 한다.

유치원생

아이 혼자 부엌에서 먹을 것을 찾아 먹어도 되는 나이다. 옷과 헤어스타일도 아이 스스로 결정하고 친구들과 놀 약속도 스스로 잡는다. 부모는 아이의 안전을 살피고 건강한 식습관 유지에 힘쓰며 나이에 맞는 미디어 콘텐츠 소비 여부를 살피고 수면 시간을 정해 지키게 하며 아이가 잠들 때까지 옆에서 지켜준다.

초등학생

아이는 약속한 행동반경 안에서는 얼마든지 집 밖으로 나갈 수 있고 용돈도 알아서 관리하고 친구도 알아서 사귈 수 있다. 취미 생활도 알아서 찾으며 옷과 신발도 알아서 살 수 있고 간단한 식사는 스스로 준비할 수 있다. 부모는 아이가 아침에 잘 일어나 학교에 가도록 보살피고, 아이가 편안하게 숙제를 할 수 있는 분위기를 만들며 미디어 콘텐츠 소비가 연령에 맞는지, 수면 시간은 잘 지키는지 살핀다.

사춘기 이전

아이는 신체 위생, 취미, 교우관계, 숙제 등을 혼자서 챙겨나간다. 혼자서 움직일 수 있는 행동반경도 차츰 넓어진다. 상급 학교 진학 여부도 아이 스스로 결정한다. 부모는 아이가 지각하지 않도록 잘 살피고, 일과를 무리 없이 유지할 수 있게 돕는다.

사춘기

수면 시간, 기상 시간, 식습관, 미디어 콘텐츠 소비를 비롯하여 삶의 전반에 걸쳐 아이의 책임이 늘어난다. 부모는 아이가 멀리 나아갔다가도 언제든지 다시 돌아와 쉴 수 있는 안전한 항구가 되어야 한다.

바깥 활동

자유를 꿈꾸는 아이의 욕망은 금지와 허락의 수준에 멈추지 않는다. 아이는 말 그대로 자유롭게 훨훨 날고 싶다. 그렇기에 집 안은 너무 답답하다. 바깥으로 달려 나가 자유를 만끽하고 싶다. 따라서 감정이 격한 아이는 밖에서 최대한 많은 시간을 보낼 수 있게 도와주어야 한다. 산이나 들판, 해변, 공원이면 제일 좋겠지만 안 되면 도심 한복판도 괜찮다. 일단 바깥이면 된다.

자연이 아이에게 미치는 긍정적 영향력은 이미 수많은 연구 결과로 입증되었다. 15분 동안 숲에서 자전거를 타면 흥분해 치솟은 아이의 혈압도 쑤욱 내려간다고 한다. 그 자전거가 홈트레이닝 자전거이고 숲이 벽에 비친 영상이라고 해도 효과가 있다니 진짜 시원한 숲길에서 씽씽 자전거를 탄다면 아이에게 얼마나 좋은 영향을 미치겠는가. 스트레스 호르몬은 사라지고 행복 호르몬이 마구 분비될 것이며 긴장이 풀리고 기분이 좋아질 것이다. 따라서 아무리 에너지가 넘치는 아이도 숲에 데려다 놓으면 집에서나 어린이집에서와 달리 말썽을 부리지 않을 것이다.

감정이 격한 아이를 야외에 데려다 놓으면 특히 대담하게 굴기 때문에 부모는 자기도 모르게 자꾸 "그만!" "하지 마!" "조심!" 하며 주의를 주게 된다. 그럼 아이는 절로 반항을 하게 되고 부모는 아이가 도무지 말을 들어먹지 않는다는 생각에 화가 치밀어 오른다. 따라서 야외로 나가기 전에 아이와 안전 규칙을 확실하게 정하는 것이 좋다. 물론 규칙의 수가 너무 많아서는 안 된다. 생사가 걸려 있을 정도로 굉장히 위험한 경우가 아니라면 최대한 아이의 자유를 제약하지 말아야 한다. 무릎 좀 까진다고 큰일이 생기지는 않는다. 애들은 다 그러면서 큰다.

야외에서 꼭 지켜야 할 사항

- 큰 나무나 바위 위로는 절대 올라가지 않는다. 미끄러져서 크게 다칠 수 있다.
- 나뭇가지는 엄지와 검지로 둘레를 잡았을 때 잡히지 않을 만큼 두꺼워야만 올라간다.
- 죽은 동물은 절대 만지지 않는다.
- 혼자서 돌아다닐 때는 어른이 부르는 소리를 들을 수 있는 범위 밖으로 벗어나지 않는다.

학교나 어린이집에서 이미 지쳐 집으로 돌아온 아이는 기운이 없어 게임만 하려고 한다. 이해가 안 가는 것은 아니지만 미디어 콘텐츠를 즐기는 일은 부모와 함께 산책을 한 후에만 할 수 있다고 규칙을 정하면 어떨까? 밖에서 많이 뛰어논 아이는 밤에 잠도 잘 잔다.

5장

엉망진창이 된 일상 바로 세우기

감정이 격한 아이를 키우며 발생하는 문제와 해결책

아이의 반응을 이끌어내려면 더 강한 자극이 필요하다.

그러나 더 강한 자극이라고 해서

반드시 고함을 지르고 호통을 치라는 뜻이 아니다.

쾌적하고 긍정적인 자극으로 아이의 관심을 돌릴 수도 있다.

넌 지치지도 않니?

밤이 편안해지는 전략

감정이 격한 아이의 부모는 밤이 무섭다. 아이를 재우는 과정이 흡사 전쟁을 방불케 하기 때문이다. 아이가 잠든 것 같을 때 불을 끄고 살그머니 밖으로 나간다? 어림도 없는 소리이다. 아이가 완전히 잠들 때까지 무조건 옆에서 지켜봐야 한다. 손을 꼭 잡아주는 것만으로도 안 된다. 감정이 격한 아이는 온몸으로 접촉해야 안정감을 느낀다. 물론 온몸을 쓰다듬어주며 안정시켜도 아이는 쉽게 잠들지 못한다. 오른쪽으로 누웠다가 왼쪽으로 누웠다가 거꾸로 누웠다가 쉬지 않고 뒤척인다. 그렇게 매일 밤 수천 명의 부모가 어둠 속에 누워 도무지 잠들지 않는 아이 옆에서 무거운 눈꺼풀을 힘겹게 이겨내며 괴로운 시간을 보낸다.

이 고통의 밤에서 빠져나올 수 있는 첫 번째 길은 모든 인간에겐 타고난 수면 욕구가 있고 그 욕구는 평생 변치 않는다는 사실을 기억하는 데 있다. 어떤 아이도 타고난 수면 시간 이상은 잘 수 없다. 더욱이 감정이 격한 아이는 기본적으로 수면 욕구가 적다. 신생아 때부터 하루 최고 20시간까지 자는 친구들과 달리 평균 14~16시간 정도밖에 자지 않는다. 생후 6개월이 되면 낮잠도 하루 1번밖에 자지 않고 두 돌이 되면 하루 종일 낮잠을 전혀 자지 않기도 하며, 유치원에 갈 나이가 되면 수면 시간이 어른과 거의 같아진다. 하루 8시간만 자도 멀쩡하다는 소리이다. 당연히 초저녁에는 전혀 졸려하지 않을 것이고, 이런 아이를 억지로 재우려니 힘이 들 수밖에 없다. 특히 아이를 어린이집에 보낸다면 거기서 낮잠을 자고 오기 때문에 밤 11시가 되어도 아이는 전혀 피곤해하지 않는다. 보통 아이들이 잠을 잘 시간인 밤 9~10시부터 불을 끄고 수면 분위기를 조성해봤자 아이는 11시까지 안 자고 뒤척일 것이다. 따라서 아이에게 필요한 수면 시간이 어느 정도인지 먼저 파악하는 것이 아이는 물론이고 부모에게도 좋다.

아이가 잠들지 않으면 부모는 당연히 고달프다. 재우기도 힘들뿐더러 아이가 자지 않으니 부모가 혼자 혹은 둘이서 오붓하게 시간을 보낼 수도 없다. 심할 때는 부모가 아이보다 더 피곤해서 아이를 혼자 두지 않으려면 아이를 교대로 돌볼 수밖에 없다. 혼자서 아이를 키우는 싱글맘, 싱글대디의 경우 고단함은 배가 된다. 아이가 도통 잠을 안 자니 언제 마음 편히 쉬어보겠는가?

하지만 수면 문제에서도 누군가 탓하는 일은 아무 소용이 없다.

저녁 시간이 고달픈 건 그 누구의 탓도 아니다. 아이가 잠을 자지 않거나 혼자서는 절대 잠이 들지 않는다고 해도 그것이 아이의 잘못은 아니다. 그렇게 타고났으니 아이도 어쩔 도리가 없다. 그렇다고 피곤에 지쳐 아이와 더 이상 놀아줄 수도 없고 아이를 재우지도 못하는 부모의 잘못도 아니다. 슈퍼맨이 아닌 이상 어떤 부모라도 그럴 수 없기 때문이다. 그러니 서로에게 손가락질을 해대며 탓할 것이 아니라 서로 다른 욕구를 잘 조화시킬 방법을 함께 모색하면 된다. 감정이 격한 아이와 그 부모에게는 아래와 같은 몇 가지 전략이 유용할 수 있다.

수면 시간은 아이에게 맡긴다

감정이 격한 아이는 대부분 감각이 예민하기 때문에 피곤하거나 졸리면 스스로 알아챈다. 그래서 저녁 식사 후에 일단 이를 닦기고 잠옷을 갈아입힌 후 아이가 자겠다고 할 때까지 놀거나 책을 읽게 내버려두면 된다. 억지로 강요하지 않으니 쓸데없이 다툴 이유가 없고, 또 아이가 졸린 상태에서 잠자리에 들면 빨리 잠들 수도 있다. 처음에는 아이가 졸려도 억지로 참고 놀다가 늦게 자는 바람에 아침에 못 일어나서 힘들어할 수도 있지만 시간이 지나며 차츰 아이의 수면 리듬이 타고난 수면 욕구에 맞게 조절될 것이다. 이 방법이 성공하려면 어느 정도의 감정조절능력이 필요하다. 아이가 언제 피곤한지를 스스로 깨달을 수 있어야 하는 것은 물론이고 피곤할 때 그 사실을 인정하고 더 놀고 싶어도 장난감을 손에서 놓을 수 있어야 한다. 그런 감정조절능력 역시 아이에 따라 다르게 발달한다. 학교에 갈 때가 되어야 그 정도의 감정조절능력을 갖추는 아이들이 있는가 하면 서너 살만 되어도 장난감을 망설임 없이 손에서 놓는 아이들도 있다.

자기 전에는 조용히 논다

잠은 억지로 잘 수 있는 것이 아니다. 하지만 자기 전에 조용한 분위기에서 차분하게 시간을 보내면 마음이 안정되어서 잠이 훨씬 잘 온다. 따라서 수면 시간을 정해놓고 뛰어노는 대신 조용히 책을 읽게 하면 수면에 도움이 된다. 그 시간에 반드시 잠을 자지 않더라도 말이다. 감정이 격한 아이들은 대부분 억지로 수면을 강요하지 않아야 잠이 든다.

자기 전 감정을 정리한다

감정이 격한 아이는 밤이 되어도 넘치는 감정의 스위치를 끄고 안정을 찾지 못한다. 자려고 누우면 머릿속에 온갖 생각과 감정이 휘몰아치고 맴돈다. 따라서 밤마다 잠에 들기 전에 규칙적으로 하는 활동을 정하면 아이가 감정을 정리하고 생각을 떨치는 데 도움이 된다.

방법은 나이에 따라 다르다. 조금 큰 아이들에게는 하루의 경험을 일기에 적게 하고 어린아이들에게는 노트에 그림을 그리게 한다. 또 걱정 인형이나 작은 상자를 마련해서 걱정이나 우울한 생각이 들면 인형에게 말을 걸어 걱정을 맡기거나 그 걱정을 상자에 넣어두게도 한다.

뭐니 뭐니 해도 제일 중요한 일과는 밤마다 잠자리에서 아이와 나누는 대화이다. 아이의 손을 잡거나 아이를 쓰다듬으며 아이의 말에 귀를 기울인다. 이때 명심해야 할 점은 절대 훈계를 하거나 아이의 감정을 평가 혹은 무시해서는 안 된다는 것이다. 부모가 곁에 있는 것만으로 충분하다. 굳이 입을 열어 이런저런 말을 해야만 아이에게 도움이 되는 것이 아니다. 물론 아이가 고민을 털어놓으면 얼른 해결해주고 싶은 것이 부모의 심정이지만 이 순간 중요한 건 해결책이 아니다. 우리가 아이의 말에 귀를 기울이고 공감한다는 사실 그 자체이다. 안 그래도 아이의 무거운 어깨에 해결책이라는 짐까지 더하지 말고 아이가 느끼는 복잡한 감정의 짐을 우리가 조금이나마 나누어 지는 것이 아이를 진정으로 돕는 길이다.

숙면하기 좋은 환경을 만든다

감정이 격한 아이는 조그만 자극에도 쉽게 흥분하기 때문에 아무리 졸려도 쉽게 잠이 드는 법이 없다. 이런 아이는 부모가 책임지고 재워야 한다. 물론 억지로 재우라는 말이 아니라 아이가 잠이 들 수 있는 환경을 만들어주라는 뜻이다. 졸려서 칭얼거리고 눈꺼풀이 자꾸 내려오는데도 끝까지 버티고 안 자던 아이가 차를 타고 잠깐 밖에 나가면 금방 잠이 드는 경우를 보았을 것이다. 아이가 어리면 매일 오후 유모차에 태우거나 포대기에 두르고 잠시 밖으로 나가면 좋다. 매일 밤 소파에서 아이를 쓰담쓰담 해주는 것도 좋은 방법이다. 부모의 부드러운 손길에 아이가 스르륵 잠이 들면 조심히 안아 아이의 침대로 옮기면 된다. 또 무거운 이불을 덮어주면 잘 자는 아이들도 많다.

잠을 안 잔다고 아이를 타박만 할 것이 아니라 아이가 흥분을 가라앉히고 잠이 들 수 있도록 조용하고 편안한 환경을 만들어주어야 한다.

매일 똑같은 순서를 지킨다

감정이 격한 아이는 변화에 매우 민감하다. 즉흥성과 유연성은 이 아이들의 강점이 아니다. 즉, 갑작스러운 일에 즉흥적으로 유연하게 대처하지 못한다. 특히 피곤할 때는 더 그렇다. 솔직히 부모가 보기엔 아무것도 아닌 일이다. 이를 먼저 닦고 잠옷을 입든, 잠옷을 먼저 입고 이를 닦든 그게 뭐가 그리 대수인가. 하지만 감정이 격한 아이들에게 이 세상은 혼돈 그 자체이므로 그런 자그마한 법칙이나 루틴이 안정감을 느끼게 하는 든든한 버팀목이 된다. 쓸데없이 울고불고 싸울 필요 없이 온 식구가 저녁 일과를 정해놓고 잘 지키면 된다. 먼저 씻고 잠옷 갈아입고 이를 닦고 로션 바르고 침대에 누우면 부모가 책을 읽어준다!

이때에도 부모가 제멋대로 일과를 정해놓고 아이에게 강요해서는 안 된다. 아이가 원하는 순서를 따라가면서 아이가 중시하는 점을 깨닫는 기회로 삼으면 좋다.

잠을 재워주는 건 당연히 해야 할 일이다

아이를 혼자 재워야 독립심이 발달한다고 생각하는 부모가 많다. 그러나 이런 믿음은 대부분의 아이들이 타고나는 수면 욕구를 완전히 무시할 때 생긴다. 보통의 아이도 그런데 감정이 격한 아이야 두말할 나위가 있을까? 감정이 격한 아이는 자극에 예민하고 감정 조절을 잘 못하기 때문에 잠이 들기도 무척 힘들다. 그냥 눈을 감으면 잠은 절로 온다? 이 아이들에겐 불가능한 일이다. 자리에 누우면 온갖 감정이 휘몰아쳐 오는데 어떻게 눕자마자 곯아떨어질 수가 있겠는가? 그런 아이에게 '잘 자'라는 한마디만 던진 채 방에 혼자 내버려두는 건 너무 가혹한 처사이다.

아이가 잠이 들 때까지 부모가 옆을 지키는 것이 나쁜 일이 아니라는 것을 가르쳐야 한다. 물론 아이의 나이와 기질에 따라 방법은 다를 수 있다. 아기 때는 대부분 젖을 먹이며 쓰다듬어주면 잠이 잘 든다. 마사지가 특효약인 아이도 많지만 배에 손을 올려놓기만 해도 충분한 아이도 있다. 꼭 신체 접촉이 있어야 잠이 드는 아이가 있는가 하면 부모가 그냥 옆에 있기만 해도 잘 자는 아이도 있다. 또 이런 식의 동행이 가장 필요한 나이도 아이마다 다르다. 네 살만 되어도 혼자 씩씩하게 잘 자는 아이들도 있지만 초등학교 고학년이 되어도 혼자 못 자는 아이도 있다. 예전에 우리가 자랄 때도 부모와 한 방에서 자는 친구들이 많았다. 상황에 따라, 아이의 기질에 따라 다를 수 있으니 그 점은 너무 고민하지 않아도 된다.

'너도 좋고 나도 좋아'

아이를 키우는 부모라면 다들 공감할 것이다. 애들이 잠을 자야 비로소 해방이다. 아무리 조용히 놀아도 애들이 깨어 있으면 진정한 퇴근이 아니다. 진심으로 이해하지만 감정이 격한 아이를 키우는 부모들에겐 이런 생각이 오히려 방해가 된다. 아이가 아직 엄마, 아빠와 더 있고 싶은데 엄마, 아빠가 쉬고 싶어서 자꾸만 자라고 강요하면 아이는 더욱 부모에게 매달린다. 이 아이들은 아무리 짜증을 부리고 피곤해도 언제나 부모에게 환영받는 존재라는 확인이 꼭 필요하기 때문이다. 그러니 생각을 조금만 바꾸어보자. 아이가 깨어 있으면 절대 느긋하게 쉴 수 없다는 법은 어디서 나왔는가? 아이 곁에서 편히 쉬는 길을 찾을 수는 없을까?

물론 아이가 있으면 아이가 없을 때만큼 마음이 가볍지는 않다. 그래도 많은 것을 할 수 있다. 아이가 거실 바닥에서 퍼즐을 맞추며 노는 동안 부부가 맛난 와인을 한잔씩 마신다. 혹은 피 튀기지 않는(!) 적당한 영화를 골라 소파에 앉아 함께 보는 것도 좋다. 아이를 유모차에 태우거나 포대기에 업고 온 식구가 저녁 산책을 나가도 좋다. 중요한 점은 아이가 자야 편히 쉴 수 있다는 생각을 버리고 아이가 자든 안 자든 저녁 시간을 즐길 수 있는 길을 찾는 것이다. 쉬고 싶다고 아이를 안 보이는 곳으로 치워버릴 수는 없지 않은가.

편안한 호흡으로 잠을 유도한다

감정이 격한 아이는 감정에 압도당해 안정을 취하기가 어렵다. 이 때문에 아이는 피곤해서 어쩔 줄 모르면서도 호흡은 빠르고 얕다.

다행히 아이는 무의식적으로 부모의 호흡에 맞추어 호흡을 조절하는 경향이 있다. 그러니까 아이가 잠을 안 잔다고 안달복달하지 말고 부모가 먼저 편안하게 호흡을 하면 놀랍게도 아이가 금방 진정된다.

들이쉬고 내쉬고
들이쉬고 내쉬고
눈을 감고
말을 하지 않는다.
아무것도 하지 않는다.
가만히 누워 호흡에 집중한다.

아이 곁에 누워 호흡을 한다. 차츰 우리의 리듬과 같이 호흡해 나가던 아이가 서서히 잠이 든다.

아이 재우는 시간을 내 시간으로 활용한다

아이와 나란히 누워서 아이의 손을 꼭 쥐거나 머리를 쓸어주고 있자면 마음이 더없이 뿌듯하고 행복하다. 하지만 그 시간이 매일 1시간을 넘어간다면 아무리 부모라도 소중한 내 시간을 아이한테 다 뺏기는 것 같은 억울한 마음이 들 것이다. '왜 우리 애는 다른 애들처럼 혼자 못 잘까?' 치미는 화를 꾹꾹 참고 있자면 마음 한편으로 내가 나쁜 부모인 것 같아 양심의 가책이 든다. 아이들 역시 옆에 누운 부모가 자신 때문에 화를 참고 있다는 사실을 모를 리 없고, 그러다 보니 잠은 더욱더 안 온다. 악순환이다.

아이가 너무 오래 잠을 안 자거든 화내며 억지로 누워만 있을 것이 아니라 그 시간을 활용해보자. 손은 아이가 원하는 대로 배를 쓸어주면서 귀로는 음악을 들어보자. 아, 물론 이어폰을 꽂아야 한다. 아니면 전자책 리더기로 책을 읽거나 스마트폰을 야간 모드로 바꾸어 사용해도 좋다. 그럼 아이를 얼른 재워야 한다는 압박감이 줄 것이고, 아이 역시 엄마를 억지로 붙잡아두고 괴롭힌다는 양심의 가책을 덜 수 있다. 엄마가 내 옆에서 시간을 뜻깊게 활용하고 있으니 말이다.

'밤에도 네 옆에 있어'

감정이 격한 아이는 잠을 푹 자지 못한다. 다른 아이들보다 자주 깨고 악몽과 불안에 많이 시달린다. 따라서 필요할 땐 언제나 부모가 옆에 있다는 사실을 알려주어야 아이가 밤을 무서워하지 않는다.

아이가 어릴 때는 같은 침대에서 자는 것이 제일 좋고 나이가 좀 들면 혼자 자다가 필요하면 언제라도 부모가 자는 방으로 들어올 수 있게 허락해야 한다. 부모가 자는 방으로 들어오지 못하게 막는 것은 이 아이들에겐 너무 가혹한 처사이다. 무서워 죽겠는데 엄마, 아빠한테 가지 못한다면 누구에게 기댄단 말인가? 낮에는 물론이고 밤에도 필요하면 항상 어른이 곁에 있다는 확신이 있어야 아이는 안심하고 잠을 청할 수 있다.

물론 아이가 밤에 일어나면 따라 일어나서 놀아주어야 한다는 뜻은 아니다. 다만 우리가 곁에 있다는 사실을 아이가 확인할 수 있어야 한다. 아이와 한 침대에서 자면 아이의 버릇이 나빠지거나 의존적인 아이가 된다는 항간의 우려는 근거가 없다. 아이가 우리 곁에서 편하고 안전하다고 느끼는 것이 그 무엇보다도 중요하다.

집 밖에서 잘 때

돌만 지나도 할머니 댁에서 잘 자고 네 살만 되어도 어린이집 친구 집에서 잘 자는 아이들이 있다. 감정이 격한 아이는 대부분 성격이 두루뭉술하지 않기에 부모가 옆에 없어도 안심하고 잠을 잘 수 있기까지 시간이 한참 걸린다. 부모 입장에선 그때까지 편히 기다리기가 쉽지 않다. 이제 한 번씩 둘만의 시간도 보내고 싶고, 또 옆에서 친구들이나 어른들도 자꾸 '애를 그렇게 너무 가둬 키우면 안 된다'고 아우성이다.

하지만 밖에서 자지 않겠다는 아이의 반항은 현실적 자가평가의 결과이다. 옆에서 어른이 도와주지 않으면 쉽게 잠이 들지 못하는 아이가 엄마 없는 데서는 절대 안 자겠다고 하는 것은 너무나 타당하고 의미 있는 결정이다. 그러므로 다른 사람들이 아이를 바깥에서 재우라고 선의로 충고를 하더라도 이 문제에서만큼은 아이의 편이 되어야 한다. 언젠가 때가 되면 아이 입에서 절로 친구

집에서 자고 오겠다는 말이 나올 것이다.

감정이 격한 아이들은 창의적일 때가 많아 집 밖에서 잠을 자는 문제에서도 스스로 창의적인 해결 방안을 마련한다. 예를 들어 부모가 부엌에서 설거지를 하고 있을 때 거실 소파에서 좋아하는 인형을 품에 안고 혼자 자는 연습을 해본다. 괜히 서둘러 강요하지 말고 아이의 주체적인 노력을 알아차리고 지원한다면 우리 아이도 언젠가는 아무 문제 없이 수련회에도 가고, 친구 집에서도 편하게 자고 올 수 있을 것이다.

밥 먹일 때마다 전쟁이야

잘 먹이는 전략

'엄마 젖이 너무 좋아'

아기는 대부분 엄마 젖을 좋아하지만 감정이 격한 아기는 젖을 정말 좋아한다. 아무리 먹어도 배가 차지 않는 듯 낮이고 밤이고 젖을 달라고 보챈다. 수유를 하는 엄마는 고단해도 너무 고단하다. 요즘엔 시간에 맞춰 젖을 먹이기보다 아기가 달라고 할 때 젖을 주라는 의견이 많은데, 하루 종일 젖을 입에 물리고 있을 수도 없는 노릇이고 어떻게 계속 젖을 달라는 아기의 바람을 들어줄 수 있겠는가? 나한테도 이런 문제로 조언을 구하는 엄마들이 많은데, 내 대답은 항상 같다. "원하는 대로 젖을 주세요." 이 말이 아기의 욕구만 존중하라는 뜻은 결코 아니다. 엄마 자신의 욕구 역시 존중해야 한다.

물론 언제 배가 고픈지 제일 잘 아는 사람은 우리 아기일 테니 쩝쩝거리거나 젖을 찾는 것 같으면 얼른 알아차리고 젖을 물리는 것이 옳다. 하지만 아기에게 수유는 단순히 영양 섭취가 아니라 위안과 밀착의 시간이다. 감정이 격한 아기는 특수한 뇌 구조 때문에 밀착과 위안의 욕구가 더 강하다고 앞서 말했다. 그러므로 이런 아기가 더 엄마 가슴에서 떨어지지 않으려 하는 행동은 당연하다. 자극이 넘쳐나는 이 세상에서 엄마 가슴보다 더 편한 장소가 어디 있겠는가. 하지만 그 말이 수유 말고는 달리 아기의 밀착 욕구를 채워줄 방법이 없다는 뜻은 절대 아니다. 아빠가 포대기로 업고 있어도 아기는 욕구를 충분히 채울 수 있다. 따라서 아기가 배가 고픈 것 같을 때는 달라고 할 때마다 젖을 줘야 하지만 (젖을 자꾸 주면 너무 많이 먹어 소화가 안 될까 걱정하지 마라. 아기가 엄마 젖을 너무 많이 먹어 탈이 났다는 말은 못 들어봤다) 정작 젖을 물려도 빨지도 않고 자꾸 젖을 달라고 보챈다면 엄마도 '안 된다'며 거절할 수 있다. 대신 다른 식으로 아기가 안전과 밀착의 욕구를 채울 수 있게 도와주어야 한다. 틈날 때마다 아기를 쓰다듬어주거나 많이 안아주고 얼러주어야 한다.

감정이 격한 아기는 다른 아기들보다 수유를 자주 해야 한다. 하지만 그런 아기를 키우는 엄마는 남들보다 많이, 또 오래 수유를 하기 때문에 엄마 자신의 권리와 욕구도 존중할 필요가 있다. 감정이 격한 아기의 수유도 결코 일방통행이 되어서는 안 된다. 엄마와 아기 둘 다에게 좋은 시간이 되어야 한다.

"이유식은 싫어!"

아기가 젖을 자주 찾을수록 이유식을 빨리 많이 먹이고 싶어진다. '이유식을 먹고 배가 부르면 젖을 안 찾겠지?' 그러나 기대는 대부분 실망으로 끝난다. 아기는 아무리 배가 고파도 다른 건 절대 안 먹고 엄마 젖만 먹으려고 한다. 정성을 다해 만든 이유식인데 혀로 밀어내고 다시 숟가락을 입 앞에 들이밀면 고개를 획 돌려버린다. 아기들이 이렇게 행동하는 데에는 사회 분위기도 한몫한다. 내가 보기에 요즘 엄마들은 이유식을 너무 일찍 시작한다. 아기가 생리학적으로 이유식을 소화할 시기가 채 되지도 않았는데 영양가 좋은 것을 먹이고 싶은 성급한 마음에 서둘러 이유식을 시작한다. 더구나 감정이 격한 아기는 그들만의 특수한 문제도 있다. 다른 친구들보다 2~3달 늦게 고형식에 관심을 보인다는 것이다. 그마저 처음에는 매우 선택적이고 소극적이다. 그래서 감정이 격한 아기는 대부분 돌이 지나도 영양의 90퍼센트를 엄마 젖에서 섭취한다.

그 이유는 첫째, 감정이 격한 아기에게는 수유가 특별한 정서적 의미를 띠기 때문이다. 젖을 먹을 때는 엄마와 밀착된다. 아기들은 그런 신체 접촉을 통해 강렬한 감정을 조절한다. 당근죽을 먹을 땐 절대로 그렇게 될 수 없다는 사실을 아기들은 본능적으로 안다. 둘째, 감정이 격한 아기는 식감, 즉 음식이 입에 들어왔을 때의 느낌에 특히 민감하다. 죽은 끈적이는 질감 때문에 싫고 당근 알갱이는 넘어가지 않고 자꾸 목에 걸린다.

따라서 섣부르게 이유식을 먹여 괜한 갈등을 초래하지 말자. 자기 자신에게 가장 필요한 것은 아기가 제일 잘 안다는 믿음으로 아기가 원하는 대로 해주자. 젖을 오랜 기간 먹고 엄마의 사랑을 충분히 느끼게 한 다음 식사 시간에 아기를 식탁 옆에 같이 앉혀서 서서히 식사 분위기에 적응시킨다. 강요나 스트레스는 절대 안 된다. 억지로 먹여서는 더더욱 안 된다. 아기를 아기 전용 의자에 앉힌 다음 다양한 음식을 앞에 놓아주고 아기가 알아서 먹게 내버려두자. 감정이 격한 아기는 새로운 것이나 낯선 것에 대한 거부감이 유독 심하다. 따라서 식사 시간이 엄마의 젖을 먹을 때처럼 따뜻하고 즐거운 시간이라고 느끼게 하는 것이 무엇보다 중요하다.

편식쟁이

감정이 격한 아이는 음식에 의심이 많다. 맛난 식사는 어떤 모습인지 자신만의 명확한 이미지가 있는 것 같다. 어떤 음식은 아예 건드리지도 않고 브로콜리와 감자는 절대 섞어서 먹지 않는다. 음식을 가지고 장난치는 것도 아니고 깨작깨작 하나씩 집어 먹는 모습이 어른들이 보기엔 영 마뜩잖다. 하지만 아이들이 음식물을 시간을 두고 하나씩 입에 집어넣는 이유는 입 안의 느낌이 변하는 것이 싫어서이다. 그러니 너무 걱정하지 마라. 호들갑을 떨지 않아도 가만히 내버려 두면 언젠가 아이도 새로운 음식에 호기심을 보일 것이다. 소스를 끼얹어서 한데 버무린 브로콜리와 감자도 덥석 집어 먹는 날이 올 것이다.

"한 입만 먹자!"

감정이 격한 아이들은 좋고 싫음이 분명하다. 국수와 브로콜리, 검은 점이 없는 하얀 바나나는 좋지만 요구르트와 푸딩, 밥은 절대 먹지 않는 식이다. 끈적거려서 싫고 입 안에서 돌이 굴러다니는 것 같아서 싫다고 한다. 아이가 먹어보지도 않고 고개부터 저어대면 부모는 화가 난다. '먹어보지도 않고 무조건 안 먹는다니 그게 무슨 고집이야?'

그래서 어린이집은 물론이고 가정에서도 '한 입만' 규칙을 만들어서 무슨 음식이든 무조건 한 입은 먹어보게 한다. 얼른 보기엔 참 괜찮은 생각 같다. 쓸데없는 선입견도 없앨 수 있고, 또 한 숟가락 먹는다고 하늘이 무너지는 것도 아니니까 말이다. 하지만 그런 말을 하는 사람은 특정 식품에 대한 아이의 저항감이 얼마나 클 수 있는지를 전혀 이해하지 못하고 있다. 어떤 아이는 음식 냄새만 맡아도 구역질을 하는데, 특히 감정이 격한 아이는 그 구역감도 다른 아이들에 비해 몇 배는 더 강하다. 그런데도 그 아이의 입에 먹기 싫다는 음식을 억지로 집어넣는 것은 우리더러 살아 있는 곤충을 먹으라고 하는 것과 같다. 결과도 좋지 않다. 억지로 먹게 하면 가르시아 효과Garcia effect(음식을 먹은 뒤 구토 등의 부정적 경험을 하면 그 음식을 먹지 않게 되는 현상-옮긴이)가 생기기 때문에 음식에 대해 저항감이 더 커져서 앞으로 그 음식을 영원히 먹지 못하게 될 수도 있다.

영양 걱정은 쓸데없다

아이가 너무 편식을 하면 부모는 걱정을 한다. '저러다 영양 불균형이 오면 어쩌지?' '저렇게 해쓱하고 삐쩍 말라서 갈비뼈가 앙상한데 그냥 놔둬도 괜찮을까?' 그래서 아이에게 "이것 먹어라" "저것 먹어라" 하고 계속 잔소리를 한다. 하지만 실제 연구 결과를 보면 부모들의 걱정은 쓸데없는 기우이다. 소아과 의사들도 한목소리로 말한다. 부모가 걱정스러운 표정으로 데리고 온 아이들 대부분이 너무나 건강하고 영양 상태도 좋다고 말이다.

그러니 괜히 아이에게 이거 먹어라 저거 먹어라 강요하지 말고 우리의 걱정이 과연 옳은지부터 살펴보아야 한다. 병원에 가서 간단한 피검사만 해도 과일과 야채라면 고개를 젓는 아이조차 비타민이 부족하지 않다는 사실을 확인할 수 있다. 아이는 과일 주스로도 비타민을 충분히 섭취한다.

"동물은 안 먹을 거야"

"소시지는 뭐로 만들어요?" 아이가 초롱초롱한 눈망울로 이렇게 묻는다. "네가 먹는 소시지는 살아 있는 진짜 돼지를 죽여서 만드는 거야." 정말 이렇게 대답할 수 있을까? '다른 말은 없나?' '거짓말이라도 해야 하나?' 그것도 바람직하진 않다. 그래서 많은 부모가 그런 질문을 받으면 아이가 더 자세히 캐묻지 않기를 바라며 대충 얼버무리고 넘어간다.

실제로 이런 방법은 효과가 있다. 아이는 캐물어야 할 질문도, 더 이상 캐묻지 말아야 하는 질문도 부모에게서 배우니까. 아이는 부모의 행동을 보고서 건드려서는 안 되는 터부가 있다는 것을, 더 이상 알려고 해서는 안 되는 것이 있다는 사실을 배운다. 그것은 다 자신이 소화할 수 있는 것만 골라 받아들이는 우리 마음의 여과 능력 덕분이다. 이 순간 세상 어딘가에서는 나쁜 일이 일어나고 있지만 우리는 일상을 편안하게 유지하기 위해 고통스럽고 불쾌한 것을 알면서도 외면하곤 한다. 우리의 정신 건강을 위해서는 이런 자기 보호 메커니즘이 필수이다. 세상 모든 불행을 우리가 다 해결해줄 수도 없지 않은가. 하지만 이런 메커니즘은 우리를 불편하게 하는 모든 것으로부터 고개를 돌리며 타인의 고통에 눈을 감아버릴 위험을 안고 있다.

대부분의 사람들은 자라면서 본능적으로 공감과 자기 보호의

균형을 맞춰나간다. 타인의 고통에 냉담하지 않으면서도 타인의 고통으로 인해 내 삶이 흔들려서는 안 된다. 그래서 아프리카에서 어린이들이 굶어 죽는다는 소식을 들으면 마음이 아프지만 구호단체에 푼돈이라도 기부하고 나면 저녁밥을 맛있게 먹을 수 있다. 거리에서 구걸하는 거지를 양심의 가책 없이 그냥 지나치는 법도 배우고 우리 식탁에 오른 고기가 어디서 왔는지 매번 따지고 고민하지 않는 법도 배운다. 한마디로 우리는 여과 과정을 거쳐 어떤 것으로부터 어느 정도의 정서적 영향을 받을지, 우리를 보호하기 위해 무엇을 외면할지를 결정한다.

감정이 격한 아이가 타인의 고통에 격한 정서 반응을 보이는 이유는 그런 자기 보호용 필터가 없기 때문이다. 모든 인상이 여과되지 못한 채 쏟아져 들어온다. 이 때문에 타인의 고통을 마치 자신의 고통인 양 강렬하게 느끼며, 다른 사람들은 어떻게 불행한 사람을 보고도 그냥 지나칠 수 있는지 도무지 이해하지 못한다. 고통받는 난민의 뉴스를 보다가 아무렇지도 않게 TV를 끄고 식탁을 차리는 부모의 모습을 보면 가슴이 찢어진다. 아이들의 연민은 인간 관련 뉴스에서 멈추지 않는다. 매일 수백만 마리의 동물이 죽어 인간의 입으로 들어간다는 생각을 하면 도무지 견딜 수가 없다.

이런 아이와 사는 것이 쉬울 리 없다. 아이가 입에 올리고 싶지 않은 주제를 자꾸 들먹이며 온 가족에게 고민과 성찰을 강요하는 것처럼 느껴진다. 가족은 짜증이 날 것이고, 아이는 그런 부모의 반응을 보며 자신의 감정이 잘못됐다는 기분에 사로잡힌다. 사실 잘못을 저지른 쪽은 불편한 이슈를 외면하는 우리인데도 말이다.

아무리 불쾌해도 우리는 아이의 질문에 정직하게 대답하고 아이의 질문이 몰고 온 불쾌한 감정을 참고 견딜 책임이 있다. 그러니까 아이가 아무리 어려도, 또 아무리 예민해도 고기와 소시지의 출처를 거짓으로 둘러대서는 안 된다. 하지만 쓸데없이 아이에게 겁을 주거나 잔인한 묘사로 고통을 주어서도 안 된다. 부모가 설사 확신에 찬 채식주의자라고 해도 아이에게 돼지 도살 장면을 담은 유튜브 영상을 굳이 보여줄 필요는 없다는 말이다. 그저 우리 가족은 아무리 불쾌한 주제라도 함부로 무시하지 않으며 아이의 반응 역시 어른의 반응과 마찬가지로 소중하게 여기는 모습을 보여주기만 하면 된다. 또 감정이 격한 아이들에겐 어른들 중에도 동물을 사랑해서 고기를 먹지 않는 사람들이 많다는 정보가 큰 위안일 수 있다. 자신과 똑같이 느끼는 사람들이 있다는 사실을 알 수 있고 자기가 아직 어리기 때문에 이런 감정을 느끼는 것이 아니라는 사실도 알 수 있을 테니 말이다.

아이들은 성장하며 양심과 고기 소비를 잘 조화시킬 수 있는 방법을 알아서 찾을 것이다. 자발적으로 채식주의자가 될 수도 있고 동물복지 축산·농장의 제품만 골라 소비할 수도 있다. 그런 날이 오기까지 우리 식탁에선 많은 눈물이 쏟아질 것이고 많은 비난이 터져 나올 수 있다. 그 모든 아이의 반응이 진실임을, 아이의 여린 심성과 크나큰 공감이 낳은 결과임을 명심하고 정직한 대답과 따뜻한 반응으로 아이를 인정하고 지지해야 한다.

어린 시절 감정이 격했던 유명인 ❽

알베르트 슈바이처 Albert Schweitzer(1875~1965)

아버지가 목사였기에 알베르트는 어릴 때부터 이웃 사랑의 가르침을 받고 자랐다. 하지만 그 사랑이 인간을 넘어 동물까지 뻗어나간 것을 부모도 이해하기가 힘들었다. 다리를 다쳐 절뚝이는 말을 주인이 회초리로 때리는 모습을 보고 몇 달 동안 악몽을 꾸는 아이가 세상에 얼마나 있을까? 친구가 새총으로 새를 쏘라고 하자 일부러 빗맞히고는 그마저 괴로워 가책에 시달리는 아이가 과연 정상일까? 아니, 알베르트는 실제로 매우 특이한 아이였다. 하염없이 여리고 몽상적이며 소극적이다가도 스스로도 깜짝 놀랄 정도로 불같이 화를 냈다.

훗날 그는 그 시절을 이렇게 회상했다. "나는 모든 놀이를 지나치게 진지하게 생각해서 상대가 나와 똑같이 열심히 하지 않으면 화가 났다. 여동생 아델레가 대충대충 하는 바람에 내가 게임에서 이기자 화가 나서 여동생을 때린 적도 있다. 그날부터 나는 게임에 대한 나의 열정에 겁이 나서 차츰 게임을 끊었다."

그런 지나친 예민함과 충동성, 뜨거운 정의감은 오랫동안 그를 괴롭혔지만 그는 결국 그것을 소명으로 받아들였다. 열대우림 한가운데에 병원을 세우고 의학의 도움을 전혀 받지 못하는 사람들을 돕기로 마음먹은 것이다. 신학 공부를 마치고 이미 일자리를 얻은 상태였지만 그는 다시 대학으로 돌아가 의학을 공부했다. 그리고 피아노 연주 콘서트를 열어 모은 돈으로 아내와 함께 바라던 인생의 꿈을 이루었다. 아프리카 랑바레네(현재 가봉 공화국 – 옮긴이)에 병원을 세우고 의료 봉사로 헌신했다.

그는 죽는 날까지 생명 보호에 앞장섰다. 인간을 넘어 동물까지 가닿은 연민과 공감은 평생의 동지였다. 반전과 군축을 위해 힘쓴 그는 노벨평화상을 수상하였고 평생 채식을 했다.

옷 좀 입어!

옷이 중요한 이유

옷을 입고 벗고 갈아입고…. 이런 사소한 일도 감정이 격한 아이를 키우는 부모에겐 엄청난 스트레스를 유발할 수 있다. 보통 아이의 부모라면 상상도 못 할 일이다. '아이에게 티셔츠와 청바지를 입히는 것이 뭐가 그리 힘들단 말인가?' 아니, 힘이 든다. 정말로 힘이 많이 든다. 감정이 격한 아이는 기쁨과 불안과 슬픔만 강렬하게 느끼는 것이 아니다. 신체 감각 역시 다른 아이들보다 훨씬 민감하다. 그 말은 피부에 닿는 섬유 조각 하나하나가 문제를 일으킬 수 있다는 뜻이다. 옷은 피부를 긁고 쓸고 죄고 거스르며, 너무 빳빳하거나 너무 흐느적거리고 너무 까끌거리거나 너무 차다. 세상의 모든 자극을 강하게 느끼는 아이에게 이 모든 자극이 얼마나 괴롭겠는가. 그래서 감정이 격한 아이 중에는 열광적 나체주의자가 많다. 특히 아직 부끄러움을 모르는 어린아이들은 기회만 있으면 옷을 벗어 던지고 달려나가기 때문에 아이를 잡으려는 엄마와 도망치는 아이의 술래잡기 장면을 의도치 않게 자주 볼 수 있다.

편안한 옷

아침에 아이가 옷 때문에 트집을 잡으면 부모는 신경이 곤두선다. 안 그래도 시간은 촉박하고 모두가 피곤한 데다 아이랑 씨름을 하느라 차려놓은 아침밥은 다 식어버렸다. 급한 마음에 버둥대는 아이를 억지로 잡아끌어 옷에 구겨 넣는다. 하루의 시작이 이보다 더 엉망일 수 있을까?

당연히 예민한 아이와 벌이는 옷 문제를 편안하게 해결할 수 있는 방법이 있다. 단, 조건이 있다. 부모가 이 문제를 전투로 생각하지 않고 진짜로 아이를 괴롭히는 문제로 인식해야 한다. 아이가 투정 없이 옷을 잘 입고 잘 벗는 첫걸음은 부모의 진정한 공감이다. 우리 어른들도 마찬가지이다. 하루 종일 몹시 불편한 옷을 입고 있어야 한다면 어떻겠는가? 다리에 꽉 붙는 바지, 껄끄러운 털양말, 라벨이 목을 찌르는 스웨터를 입고서 하루 종일 사무실에서 일해야 한다면? 감정이 격한 아이는 아주 평범한 청바지와 면 스웨터를 입어도 그런 느낌을 받는다. 아이가 껄끄럽다는데 "말도 안 되는 소리! 보들보들하기만 한데?"라며 야단을 쳐봤자 아무에게도 도움이 안 된다. 감각은 객관화할 수 있는 것이 아니다. 각자 느낌이 다르니 말이다. 그것이 바로 아이와의 '옷 전쟁'을 끝낼 수 있는 열쇠이다. 무조건 아이가 편하다고 하는 옷만 입히면 된다. 부드러운 면 속옷과 플리스 손가락장갑을 추천하고 싶으며, 될 수 있는 대로 청바지 말고 헐렁한 면바지나 레깅스를 입히면 좋고, 두꺼운 목도리 대신 얇은 머플러를 목에 둘러주고 몸에 꽉 끼는 삼각팬티 말고 통기가 잘되는 사각팬티를 입히면 좋다. 또 아이가 좋아하는 옷을 여러 벌 장만하여 돌아가면서 빨아 입히면 편하다.

옷을 입히는 시간을 처음부터 넉넉히 계산해야 한다. 그래도 아이가 여전히 아침마다 잠옷을 안 벗겠다고 버둥대면—부모가 입혀주기엔 나이가 너무 많다고 해도—아이를 품에 안고 천천히 입혀주는 것도 괜찮다. 아이가 힘들어할 때 아이를 품에 안아준다고 해서 의존적인 아이가 되는 것은 아니다. 오히려 아이는 자신감이 생긴다. 지금 이대로의 나도 괜찮다는 느낌을 받기 때문이다. 나이에 상관없이 힘들 땐 언제나 도움을 받아도 된다는 것을 배울 수 있다.

작별과 시작

변화의 고개를 쉽게 넘는 법

앞에서도 말했듯 감정이 격한 아이는 변화를 힘들어한다. 아침에 어린이집에서 엄마와 헤어지는 것도, 학기가 시작되어 반이 바뀌는 것도, 집을 떠나 여행하는 것도, 엄마가 운동하는 요일을 바꿔 할머니가 집에 오셔서 돌봐주시는 것도 다 싫다. 그래서 아침마다 어린이집 앞에서 20분씩 울어대는 아이 때문에 부모는 분노가 치솟고, 여행 내내 칭얼대는 아이 때문에 여행이 휴식은커녕 중노동으로 느껴진다. 어떻게 해야 할까?

우선은 감정이 격한 아이들이 변화를 왜 힘들어하는지 그 이유를 이해해야 한다. 아이는 호들갑을 떨거나 거짓말을 하는 것이 아니라 진짜로 갑작스러운 변화를 힘들어한다. 다른 아이들과 달리 바뀐 모든 것을 자세한 부분까지 인지하기 때문이다. 더 춥거나 더 덥고 냄새도 다르고 바닥의 느낌도 다르며 너무 시끄럽거나 너무 조용하고 소리가 울리는 방식도 다르며 들리는 목소리도 다르다.

어린이집에 가는 것 같은 큰 변화만 감각 인상에 변화를 주는 것은 아니다. 일상생활 그 자체가 변화로 넘쳐난다. TV를 켰다 끄는 것도 변화이고 방에 있다가 욕실로 가는 것도 변화이다. 옷을 벗고 다른 옷으로 갈아입는 것도 전혀 다른 느낌이다. 아무것도 아닌 것 같은 이 모든 변화가 감정이 격한 아이에게는 격한 정서 반응을 일으킬 수 있고, 그 반응을 제대로 소화하지 못할 경우 스트레스를 받는다. 따라서 우리 아이에게 "까다롭다" "너 때문에 골치 아프다"라는 식으로 야단칠 것이 아니라 이 모든 변화를 잘 이겨낸 아이의 능력을 대단하다고 인정하고 칭찬하는 것이 옳다.

- "엄마랑 헤어져서 어린이집에 있는 게 정말 힘든 거 엄마도 잘 알아. 그래도 네가 잘 있어줘서 얼마나 고마운지 몰라."
- "맞아. 할머니는 엄마랑 달라. 그래서 할머니가 잠을 재워주면 싫을 거야. 어떤 점이 싫은지 이야기해주면 엄마가 다음부터 할머니께 고쳐달라고 부탁할게."
- "맞아. 여기 캠핑장은 집하고는 많이 다르지. 그래도 적응되면 여기도 좋을 거야."
- "아빠가 데리러 가서 깜짝 놀랐지? 엄마가 갑자기 일정이 바뀌는 바람에 미리 말 못 했어. 그래도 아빠하고 잘 놀아줘서 정말 대견해."

- "고모가 놀러와서 다른 방에서 자는 게 싫었을 텐데 이해해 줘서 고마워."

이런 말만으로도 아이는 마음이 한결 편해진다. 다른 사람들은 그런 변화의 고개를 훨씬 수월하게 넘는다는 사실을 알 수 있기 때문이다. 아이는 고개를 갸웃하며 생각한다. '내가 이상한가?' '나만 변화가 힘든가?' 그러다가 아이는 깨닫는다. 다들 변화를 힘들어하지만 그것을 크게 고민하지 않고 이상하다고 생각하지도 않는다는 것을. 아이에게는 너무나 소중한 경험이요 깨달음이다. 앞에서도 말했듯 예상할 수 있는 일과를 정해두는 것도 변화를 견디는 데 큰 도움이 된다. 그러나 뭐니 뭐니 해도 가장 중요한 점은 충분한 시간을 주는 것이다. 부모가 옆에서 여유를 갖고 기다려준다면 감정이 격한 아이도 훨씬 수월하게 변화의 고개를 넘을 수 있다.

변화를 돕는 길

일과를 확실하게 정한다

감정이 격한 아이들은 걸어 다니는 혼란 덩어리이다. 따라서 혼란을 주지 않기 위해 일과를 확실히 정해 고정된 루틴을 상기시켜줄 필요가 있다. 기상 시간, 아침식사 시간, 어린이집에 가는 시간, 돌아와서 노는 시간과 TV 시청 시간, 저녁식사 시간, 잠자는 시간. 이 모든 시점이 분명하고 매일 비슷하면 이 일과를 난간 삼아 혼돈의 계단을 오를 수 있다.

변화의 과정을 미리 말해준다

아이가 특히 힘들어하는 변화 상황에서는 상세한 부분까지 변화의 과정을 미리 알려주면 좋다. 정확히 언제 어떤 일이 일어날 것인가? "우리 이제 차 타고 어린이집에 가서 주차장에 차 세우고 차에서 내려서 어린이집으로 들어갈 거야. 거기서 아빠가 네 웃옷을 벗겨 빨간 옷걸이에 걸고 신발 벗기고 실내화 신기면 선생님이 나오실 거야. 그럼 선생님께 인사하고…." 앞으로 일어날 일을 정확하게 알면 아이가 마음의 준비를 할 수 있고 그럼 변화도 수월하게 받아들인다.

출발하기 몇 분 전에 미리 변화를 알린다

장소나 사람이 변하기 몇 분 전에 미리 그 사실을 알리면 아이가 마음의 준비를 할 수 있다. 중요한 것은 타이밍이다. 병원에 가기 1시간 전부터 미리 병원에 갈 것이라고 말하면 아이는 그 1시간 동안 불안에 떨며 아무것도 못 하고 집 안을 서성일 것이다. 그렇다고 출발하는 순간에 말을 하면 아이는 미처 마음을 다잡지 못해 어찌할 바를 모를 것이다. 따라서 출발하기 5~10분 전에 간략하게 다음에 일어날 일을 알려주면 감정이 격한 아이에게 큰 도움이 된다.

하던 일을 마무리하라고 말한다

아이들이 변화를 못 견뎌 하는 이유 중 하나는 하던 일을 미처 마치지 못했기 때문이다. 어린이집에서 레고로 소방서를 반쯤 완성했는데 갑자기 아빠가 나타나서 집에 가자고 한다. 세계에서 제일 높은 탑을 쌓는 중인데 갑자기 엄마가 잠잘 시간이라고 한다. 이럴 땐 사전에 앞으로 일어날 변화("10분 있다가 병원 가야 해")와 더불어 지금 하던 활동의 일시적 마무리("이제 우리 건축 기사님은 잠을 잘 시간이니 남은 탑은 내일 쌓기로 하자")를 알리면 아이의 실망을 예방할 수 있다.

충분한 시간을 준다

감정이 격한 아이의 일상에서 촉박함은 독이다. 너무 빠듯한 시간, 빡빡한 일정은 아이를 힘들게 한다. 아이가 새로운 상황에 적응할 수 있도록 최대한 여유를 주는 것이 좋다.

변화를 최소화한다

TV를 켰다 끄는 것도, 1층에서 2층을 오르는 것도, 옷을 입고 벗는 것도 우리 아이에게는 스트레스가 될 수 있으므로 변화는 가능한 한 줄이는 것이 좋다. 예를 들어 TV는 하루 15분씩 4번에 나누어 보게 하지 말고 1번에 1시간 쭉 보게 한다. 자꾸 껐다 켰다 하면 그 변화가 아이에게 스트레스를 줄 수 있다. 또 옷을 입힐 때는 하루 일과를 충분히 고려하여 최대한 갈아입을 필요가 없는 옷을 선택한다.

그럼 친구를 사귈 수 없어!

아이의 인간관계 돕기

한 무리의 아이들이 웃고 떠들며 논다. 우리 아이도 그 무리에 끼어 같이 웃으며 뛰어논다. 세상 모든 부모가 바라는 장면이다. 실제로 감정이 격한 우리 아이는 그럴 수 있는 조건을 타고났다. 열정적이고 유머가 풍부하며 끈기도 있는 멋진 친구니까 말이다. 그러나 그에 못지않게 융통성이 없고 화를 잘 내며 사납기 때문에 놀이터나 어린이집에서 친구와 자꾸 충돌한다. 더구나 선생님이나 다른 아이의 부모가 보기에 우리 아이는 넘치는 에너지를 주체하지 못하는 사나운 아이다. 알고 보면 몹시 예민하고 여린 아이지만, 겉으로만 보아서는 그런 모습을 결코 상상하지 못한다. 그래서 감정이 격한 아이를 키우는 부모는 아이가 놀이터나 친구 집에 가더라도 안심하고 쉴 수 없다. 너무 많은 자극에 노출되면 아이는 흥분의 도가니에 빠질 것이고, 그렇다고 따분하면 아이의 에너지가 금방 파괴적인 곳으로 향할 것이기 때문이다. 어른이 너무 많이 개입하면 반항할 것이고 분위기가 엉망인데도 어른이 가만히 내버려두면 흥분한 아이가 다시 안정을 되찾을 때까지 몇 날 며칠이 걸릴 것이다.

다른 부모는 속 모르고 쓸데없는 걱정이라고 말한다. "애들이 놀다 보면 싸울 수도 있지." "다 그러면서 크는 거 아닌가?" 물론 그 말이 옳다. 놀다 보면 싸울 수도 있고, 그걸 막을 수도 없다. 하지만 아무리 아이라도 감정이 한도 끝도 없이 치닫다 보면 아이들 싸움도 큰 상처가 될 수 있고, 다른 부모는 상상도 할 수 없는 대폭발이 일어날 수도 있다. 친구들 사이에서 상처를 절대 안 받게 할 수 없겠지만 우리 아이가 무사하도록 보살피는 것 또한 부모의 소임이 아니겠는가.

준비가 최고

매사 원칙을 앞세우며 꼬장꼬장 따지는, 융통성 없는 사람을 좋아할 사람은 별로 없다. 그때그때 상황에 따라 즉흥적으로 아이디어를 낼 줄 아는 개방적인 부모가 아이들한테도 훨씬 인기가 좋다. 아이를 데리러 어린이집에 갔다가 날씨가 너무 좋아서 친구들까지 태우고 즉흥적으로 드라이브를 간다. 피아노 학원에서 연습을 열심히 한 아이와 친구들을 데리고 집에 와서 게임을 시켜준다. 오후에 2시간만 놀자고 친구들을 불렀지만 어찌나 사이좋게 노는지 즉흥적으로 아이들을 집에서 재우기도 한다. 얼마나 멋진 부모인가! 하지만 안타깝게도 감정이 격한 아이를 키우는 부모는 이런 멋진 부모가 될 수 없다. 쪼잔하고 융통성이 없어서가 아니라 그랬다가는 난리가 나기 때문이다.

모든 감정을 극도로 강렬하게 느끼는 아이에게 특효약은 계획이다. 예측과 준비 말이다. 아이가 가장 힘들어하는 것이 변화이기 때문이다. 잠자리에서 나와 옷을 입고 문을 나서 어린이집에 갔다가 어린이집을 나와 축구반에 가고 피아노 학원에 가고 다시 집에 돌아와 놀다가 밥을 먹고 잠옷을 입고 잠자리에 들기까지 생길 수 있는 어떤 변화든 언제라도 터질 수 있는 화약과 같다. 다른 아이들에겐 아무것도 아닌 일이 이 아이들에겐 엄청난 힘이 드는 고단한 숙제다.

부모에게도 아이들에게도 도움이 되는 요소는 첫째가 시간, 둘째는 루틴이다. 하루의 일과가 익숙할수록 변화의 상황이 불러오는 스트레스도 적다. 이 원칙은 친구들과 어울려 놀 때도 통한다. 옆집의 선우가 매일 오후에 레고를 하러 놀러 온다면 아이는 선우와 잘 놀 수 있다. 그러나 생일파티처럼 특별한 일들이 한꺼번에 일어나는 곳에선 새로운 경험들을 소화해내기가 힘에 부친다. 그런 벅찬 상황이 아름다운 경험이 되려면 어느 정도의 계획이 필요하다. 우리 아이에겐 계획만이 살길이다.

계획은 필수

일주일에 1번 대형마트에 장을 보러 갈 때도, 아이에게 숙제를 시킬 때도, 친구들이랑 놀 계획을 짤 때도, 감정이 격한 아이를 키우는 부모는 걱정이 앞선다. 이미 너무 많은 실패를 경험했기 때문에 별일 없기를 바라면서도 자기도 모르게 그럴 확률이 매우 낮다고 생각하게 된다. 하지만 부모의 그 마음은 자기 충족적 예언이 되어 아이한테로 돌아간다. 부모가 진심으로 잘될 거라고 믿지 않기에 아이들도 진심으로 잘될 거라고 믿지 않는다. 그래서 진짜로 잘되지 않는다.

이런 악순환에서 빠져나오려면 우리 자신은 물론이고 우리 아이에게도 알려야 한다. 감정이 격하든 아니든 우리의 계획이 성공하느냐 마느냐는 대부분 우리 손에 달렸다는 사실을 말이다. 우리 아이가 어떤 부분에서 힘들어하는지 안다면 아이가 실패하게 내버려둬서는 안 된다. 아이가 준비하고 도전해 이길 수 있도록 옆에서 도와주어야 마땅하다. 어떻게? 다음에 소개할 일곱 살 은재를 통해 그 방법을 자세하게 알아보자.

상황

은재는 혜수의 생일파티에 초대를 받았다. 은재의 부모는 걱정이 앞선다. 보나마나 아이들이 시끄럽게 뛰어놀 것이고 게임을 하면 승자와 패자가 있을 것이며, 단것을 많이 먹어서 혈당이 치솟을 것이고, 혜수는 선물을 잔뜩 받을 것이다.

그래도 못 간다고 할 수는 없다. 은재가 벌써 며칠 전부터 기대에 부풀어 있기 때문이다. 벌써 2번이나 친구 생일파티에 갔다가 완전히 축 늘어져서 다른 친구들보다 일찍 집에 데리고 왔지만 아이는 그새 그 사실을 잊었는지 신이 나 있다.

예상

은재의 부모는 생일파티에서 일어날 수 있는 문제들을 곰곰이 생각해서 종이에 다 적어본다. '너무 시끄럽다.' '게임을 하면 경쟁이 붙는다.' '단것을 너무 많이 먹는다.' '혜수가 선물을 받으면 질투심을 느낄 것이다.'

계획

이제 부모는 어떻게 하면 그 문제들을 해결할 수 있을지 고민한다. 일단 아이의 컨디션이 좋아야 한다. 그러자면 전날 잠을 푹 자야 한다. 또 아이가 너무 힘들면 잠시 쉴 수 있는 공간이 있어야 한다. 은재가 게임을 하더라도 질까 봐 걱정할 필요가 없어야 하고 혜수가 선물을 많이 받더라도 괜찮다고 생각하게 해야 한다.

준비

은재의 부모는 혜수의 부모에게 전화를 해서 사정을 설명한다. 은재가 생일파티에 정말 가고 싶어 하지만 자극에 너무 취약하기 때문에 아이가 힘들어하는 것 같으면 잠시 다른 방에 혼자 둘 수 없겠느냐고 부탁한다. 또 파티와 게임의 대략적인 순서를 묻는다.

그런 후 은재에게 생일파티에 가면 어떤 일이 있을지 대충 설명을 해준다. 그리고 게임을 하다 보면 질 수도 있지만 이긴 사람이 받는 상은 젤리 1봉지나 풍선일 것이고 그건 집에도 다 있는 것들이니 설사 져서 상을 못 받더라도 너무 화내지 말라고 당부한다. 혜수가 선물을 많이 받을 텐데 그중에서 혹시 갖고 싶은 것이 있거든 잘 기억해두었다가 다음 생일에 엄마, 아빠에게 사달라고 하면 된다고도 말한다. 또 은재가 아끼는 곰돌이 인형을 들고 가서 혹시 화가 나거나 샘이 나면 그 인형을 꽉 껴안으라고 당부한다. 생일파티 전날에는 아이가 푹 잘 수 있도록 아이를 서둘러 일찍 재운다.

안전망

은재의 아버지는 약속 시간을 잘 지켜 아이를 혜수네 집에 데려다주고, 아이는 다른 친구들이 도착할 동안 푹 쉬면서 새 환경에 적응한다. 또 은재에게 피곤하면 쉴 수 있는 방을 미리 보여주고 전날 이야기했던 내용을 다시 한번 되풀이하여 아이에게 상기시킨다. 혜수의 부모에게는 혹시 은재가 조금이라도 지친 기색이 보이거든 자신에게 전화를 해달라고 부탁한다. 언제든 자신이 달려와서 아이를 다독일 것이고, 그럼 아이가 훨씬 오랫동안 잘 놀 수 있을 것이다.

결과

은재는 오늘 일어날 일을 미리 부모에게 들어 알고 있다. 그리고 혹시 일어날 수도 있을 문제에도 대비를 했다. 덕분에 아이는 변화를 훨씬 더 잘 견딘다. 잠깐 혼자 다른 방에 들어가서 곰 인형을 꼭 껴안고 있었지만 그것만 빼면 파티 내내 친구들과 잘 어울려 논다. 콩 나르기 게임에서 숟가락을 떨어뜨리는 바람에 졌지만 상품인 젤리는 우리집에도 있다고 생각하며 마음을 다스린다. 그리고 다음번 자기 생일파티에는 이기고 지는 게임은 안 하겠다고 결심한다.

은재의 사례는 부모가 미리 문제를 예상하여 아이와 함께 전략을 짜고 아이가 쉴 수 있는 환경을 만들어준다면, 또 위급할 때 언제라도 뛰어내릴 수 있는 안전망을 설치한다면 우리 아이도 아름다운 경험을 할 수 있고 그런 경험을 바탕으로 성장하고 발전할 수 있다는 사실을 잘 보여준다. 물론 힘은 많이 든다. 하지만 미리 준비를 하지 않으면 나중에 수습하느라 힘이 더 많이 들지도 모른다. 그리고 좋은 경험을 한번 하고 나면 아이도 요령이 생겨서 다음에는 준비를 조금 덜해도 잘 이겨낼 수 있고 그렇게 차츰차츰 사회적 면역력을 길러나갈 것이다.

사실 진짜 문제는 부모가 쏟아부어야 하는 힘이 아니라 주변 사람들의 반응이다. 아이 친구 부모에게 전화를 걸어 파티 내용이 어떤지, 아이가 잠시 쉴 수 있는 방이 있는지 캐물으면 당장 아이 주변을 뱅뱅 돌면서 사사건건 간섭하는 헬리콥터 부모 취급을 할 것만 같다. 하지만 사실 그 반대이다. 생일파티에서 일어날 수 있는 문제를 알면서도 아이를 막무가내로 내던지는 것은 아이의 성장을 돕는 길이 아니다. 아이가 문제의 숲을 무사히 잘 헤치고 나아갈 수 있게 돕는 것이 아이를 강하게 만드는 길이다.

미디어 콘텐츠 문제

감정이 격한 아이는 TV와 태블릿PC, 스마트폰에 대해 이중 반응을 보인다. 영상과 스토리에 매력을 느끼면서도 과도한 자극에 금방 지친다. 그래서 이 아이들은 보통 자기보다 어린아이들을 겨냥한 방송이나 게임을 더 좋아한다. 자기 연령대의 방송은 너무 자극적이고 피곤하기 때문이다.

감정이 격한 아이는 적어도 미디어 콘텐츠 소비에서만큼은 부모를 덜 걱정시킨다. 친구들과 달리 TV를 더 보겠다거나 게임을 더 하겠다고 요구하지 않기 때문이다. 그래도 초등학교에 들어가면 슬슬 컴퓨터 모니터나 TV 앞에서 시간을 보내려고 한다. 당연히 이해할 수 있는 일이다. 만화영화나 어린이 드라마는 스토리와 모험을 향한 욕구를 채워주고 또 감정조절을 연습할 기회를 제공한다. 처음부터 끝까지 볼 수도 있지만 앞으로 돌릴 수도 있고 건너뛸 수도 있기 때문에 원하는 장면을 원하는 시간에 볼 수 있기 때문이다. 게임은 복잡한 인간관계에 휘말리지 않고도 다양한 성공의 경험을 선사한다. 특히 내향적인 아이는 어린이집이나 학교에서 복잡하고 시끄러운 관계에 치이기 때문에 집으로 돌아오면 모니터 앞에서 혼자 조용히 쉬고 싶다.

그러므로 현대 미디어가 무조건 우리 아이에게 나쁜 영향을 끼친다고 비난하는 것은 현명하지 못하다. 특히 감정이 격한 아이에겐 TV나 모니터가 많은 정보를 알려주는 선생님일 뿐 아니라 긴장과 휴식을 제공하는 쉼터 역할도 할 수 있다.

하지만 TV나 태블릿PC는 고단한 일상에서 잠시 벗어날 수 있는 쉼터이기 때문에 그만큼 엄청난 흡인력을 발휘할 위험도 크다. 물론 충분히 이해가 간다. 감정이 격한 아이에게 일상은 고단한 곳이니까 말이다. 그러나 영상의 세상에 빠져들면 현실의 인간관계에서 자꾸만 발을 뺄 것이다. 현실보다 훨씬 더 쉽고 안전하게 자신의 욕구를 채울 수 있기 때문이다.

미디어 콘텐츠 소비를 어느 정도까지 아이에게 맡길 수 있을까? 감정이 격한 아이의 부모라면 특히 고민해야 할 문제이다. 감정이 격한 아이 중에서도 내버려두면 알아서 TV 시청 시간을 잘 조절하는 아이들이 있다. 보던 방송이 끝나면 스트레스를 느끼지 않고도 재깍 TV를 끄고 다른 활동을 시작할 수 있다. 하지만 넋을 잃고 TV 앞에 앉아 있거나 게임을 한번 시작하면 좀처럼 멈추지 못하는 아이에게 알아서 하라고 맡겨두어서는 안 된다. 감정이 격한 아이는 충동조절능력도 다른 아이들에 비해 약하기 때문이다.

감정이 격한 아이를 키우다 보면 TV나 태블릿PC를 베이비시터 대용으로 쓰고 싶은 유혹이 크다. 부모도 잠시 숨 돌릴 시간이 필요하니까 당연히 그럴 수 있고 또 그래도 된다. 하지만 아무리 아이가 떼를 쓰고 부모가 너무 지쳤다 해도 아이가 매일 몇 시간씩 모니터 앞에 앉아 있다면 한걸음 물러나 현대 미디어의 역할을 다시 한번 고민해봐야 한다. 미디어는 우리의 삶을 풍요롭게 하고 기쁨을 주며 휴식을 돕지만 그런 순기능이 결코 현실의 삶을 대신할 수는 없다.

아이가 미디어 콘텐츠에 푹 빠져 있을 때는 약속("5분만 더 하자고 했지!")도 소용이 없다. 게임을 하거나 TV를 볼 때는 시간 감각이 사라진다. 아무리 그래도 부모가 못 참고 확 꺼버리면 갑자기 현실로 납치당한 듯한 기분에 아이는 혼란스러워 한다. 10분 정도 아이 옆에 앉아서 같이 시청을 하거나 게임을 하면서 캐릭터에 대해 이것저것 물어보고 아이와 신체 접촉을 하자. 그렇게 차근차근 조심스럽게 아이를 다시 여기 이곳의 현실로 데리고 와야 한다.

필터가 없는 아이들

세상은 혼돈의 장소이다. 매일 놀라운 일들이 일어나지만 그에 못지않게 끔찍한 일도 많이 일어난다. 인류의 역사는 잔혹한 사건의 연속이라고 해도 과언이 아니다. 그런 사건들을 알면서도 문제없이 일상생활이 정상적으로 가능한 까닭은 우리 심리에 내재한 여과 능력 덕분이다. 인간에겐 자기 삶에 중요한 것은 통과시키고 그렇지 않거나 부담스러운 것은 걸러내는 필터가 있다. 그런 필터의 여과 능력 덕에 참담한 일을 보고도 금방 안정을 되찾고 일상생활을 할 수 있는 것이다.

그런데 감정이 격한 아이들은 그런 필터가 없거나 있어도 너무 얇다. 그 말은 세상의 온갖 고통이 걸러지지 못한 채 아이의 여린 마음으로 침투한다는 뜻이다.

따라서 부모는 아이의 필터가 되어 미디어 콘텐츠 소비를 조절하고, 이 세상이 좋은 곳이라는 신뢰가 형성될 수 있도록 해주어야 한다. 그런 신뢰가 있어야 아이는 삶의 힘들고 고통스러운 측면을 잘 이해하고 이겨내는 방법을 배울 수가 있다. 건강한 보호 필터는 트라우마를 겪거나 단련한다고 만들어지는 것이 아니라 아이가 강렬한 자신의 감정을 건강하게 소화하는 법을 배우면서 서서히 자리 잡는다. 아이가 자신의 고통을 소화할 수 있어야 타인의 고통도 함께 짊어질 수 있을 테니 말이다.

아직 자신의 강렬한 감정도 주체하지 못하는 아이에게 영상이나 스토리를 통해 세상의 온갖 고통이 한꺼번에 밀려든다면 아이는 그 과도한 자극과 부담을 견디지 못할 것이다. 그 결과 아이의 뇌는 스트레스를 일으키는 모든 감정의 동요를 최소한의 수준으로 떨어뜨려, 어쩌면 평생 어느 감정이든 무디게 느낄지도 모른다.

부적절한 미디어 콘텐츠로부터 우리 아이 보호하기

- 성인용 뉴스와 다큐멘터리는 아이 수준에 맞춰 제작한 것이 아니다. 부모가 뉴스를 보는 동안 아이가 옆에서 놀고 있으면 안 듣는 것 같아도 범죄와 전쟁 소식에 스트레스를 받는다. 따라서 초등학교에 들어가기 전까지는 뉴스를 접하지 않게 하는 것이 좋다. 초등학교에 들어가면 어린이용 다큐멘터리를 보여주어서 아이의 수준에 맞게 세상사에 접근하도록 도와야 한다.
- 잡지 표지나 신문에 실린 끔찍한 사진도 감정이 격한 아이에겐 강한 정서 반응을 불러올 수 있다. 잡지가 집 안 아무 데나 굴러다니지 않도록 조심해야 한다.
- 자연보호를 표방하지만 '멸종' 같은 가슴 아픈 내용의 어린이 책이나 영화도 조심해야 한다. 망가진 열대우림이나 멸종 위기에 처한 오랑우탄 같은 끔찍한 이야기로 부담을 주기보다는 아름다운 자연을 사랑하도록 가르치는 것이 올바른 환경보호 교육이다. 어릴 때 자연을 사랑하는 법을 배운 아이는

성장해서도 자연을 보호한다.

- 테러나 살인 같은 끔찍한 사건이나 환경 재앙 뉴스를 아이가 집 밖에서 들을 수 있는 확률이 어느 정도나 될까? 아마 거의 없을 것이다. 따라서 집에서도 아이가 최대한 그런 일을 접하지 않도록 유의해야 한다. 아이가 조금 더 자라 학교나 유치원에 들어가면 그런 사건이 발생했을 때 부모가 아이와 대화를 나누어 준비를 시키는 것이 좋다. 이때는 긍정적인 면, 용기를 북돋는 측면에 초점을 맞추어야 한다. 예를 들어 총격 사건이 발생했을 때 얼마나 많은 사람이 나서서 다친 사람들을 도왔는지를 강조해야 한다. 또한 그런 사건이 일어날 확률은 매우 희박하며, 직접 당할 확률은 거의 없다는 점도 강조해야 한다.

제발 말 좀 들어!

감정이 격한 아이와 소통하기

한숨이 절로 나온다. "애가 말을 너무 안 들어요!" 그 마음 이해한다. 속이 상할 것이다. 부모는 어떻게든 아이를 이해하고 돕기 위해 노력하는데 아이는 도무지 말을 들어먹지 않는다. 밥 먹게 식탁에 수저 좀 놓으라는데 그게 뭐가 그리 어렵단 말인가?

말 안 듣는 아이에게도 당연히 그럴 만한 이유가 있다. 감정이 격한 아이의 두뇌는 다채롭고 강렬한 감정들을 처리하느라 항상 비상 모드 상태다. 그래서 스스로를 보호하기 위해 추가로 들어오는 자극은 알아서 차단해버린다. 호랑이가 '어흥' 울부짖어 생명이 위험하다고 느끼거나, 혹은 엄마가 화가 나서 '버럭' 고함을 지를 때까지는 그렇다. 엄마의 고함 소리에 놀란 아이는 당황한 표정으로 엄마를 쳐다보고, 엄마는 다시 한번 절망에 사로잡힌다. '이렇게 고함을 질러야 겨우 반응을 보이는구나'라고 생각하며.

하지만 그렇지 않다. 절대 그렇지 않다. 고함 소리는 안 그래도 비상 모드인 아이의 뇌에 스트레스를 더할 뿐이다. 지금 아이는 세상의 자극에 얼이 빠져 정신이 나가 있다. 다정하고 낮은 목소리는 아예 들리지도 않으므로 아이의 반응을 이끌어내려면 더 강한 자극이 필요하다. 그러나 더 강한 자극이라고 해서 반드시 고함을 지르고 호통을 치라는 뜻이 아니다. 쾌적하고 긍정적인 자극으로 아이의 관심을 돌릴 수도 있다. 아이를 다정하게 만지며 눈을 맞추고 차분한 말투로 이렇게 말한다. "지안아, 엄마 좀 볼래? 오늘 저녁에는 네가 좋아하는 반찬이 많아. 어서 먹게 엄마 도와서 수저 좀 놓아줄래?" 이런 동작과 말로 부모는 아이의 주의를 돌릴 수 있고, 엄마의 말 덕분에 머리를 가득 채운 혼돈이 잠시 가라앉은 아이는 부모의 말을 잘 듣고 따를 수 있다.

감정이 격한 아이와 소통하는 법

감정이 격한 아이의 머릿속엔 스트레스와 혼란이 들끓는다. 그래서 길게 설명을 하거나 복잡한 요구를 하면 잘 알아듣지 못한다. 그런데 부모나 선생님이 말을 잘 못 알아듣는다고 화를 내거나 비난하면 스트레스 수치가 더 치솟고 아이는 하고 싶어도 어른의 말을 따를 수가 없다.

아이에게 부모의 메시지를 확실히 전달할 수 있는 방법이다.

명확한 신호

아이가 어디로 관심을 돌려야 할지 정확하게 알려준다. 예를 들어 학급 전체의 관심을 모으고 싶은 선생님은 박수를 치거나 "주목!"이라고 외친다. 아이의 어깨를 부드럽게 만지면 레고에 푹 빠져 있던 아이도 고개를 들어 아빠를 쳐다본다.

시선 교환

아이의 눈을 똑바로 쳐다보며 '나는 지금 다른 누구도 아닌 너와 이야기하고 있어!'라는 메시지를 전달한다. 우리의 두뇌는 저 멀리서 지르는 고함 소리보다 서로 맞댄 얼굴을 더 중요하다고 인식한다.

간단명료한 설명

하고 싶은 말을 짧고 정확하게 전달한다. "밥 먹자." "신발 신어." "이리 와." 긴 설명은 나중에 해도 된다. 일단은 아이가 부모의 바람을 정확히 파악하는 것이 급선무이다.

신뢰성

느끼는 대로 말하고 말한 대로 실천해야 한다. 감정이 격한 아이는 앞뒤가 안 맞으면 귀신같이 눈치 채기 때문에 아이를 위한다고 거짓말하거나 숨기면 안 된다.

애매모호하지 않고 정확하게

질문은 질문이고 요구는 요구이다. "이제 슬슬 자면 어떨까?" 이런 식의 표현은 선택 사항처럼 들리고 아이는 당연히 "싫어"라고 대답할 것이다. 그런데 그 대답을 들은 부모가 버럭 화를 내면 아이는 부당하다고 느끼며 당황한다. 부모가 결정을 내렸으면 언어도 같은 형식을 취해야 한다. "이제 잠잘 시간이다!"

금지보다 목표에 초점을

"밀가루 만지지 마." 말이 떨어지자마자 아이는 덥석 밀가루에 손을 댄다. 우리 뇌는 스트레스를 받으면 세세한 부분을 받아들이지 못한다. 대표적인 것이 '~마라' 같은 부정어이다. 아이의 뇌는 부정어를 중요하지 않다고 판단해서 엄마의 말을 '밀가루 만져'로 처리한다. 그리고 시키는 대로 밀가루를 만진다. 따라서 아이에게는 '무엇을 하지 말라'고 말하는 대신 '무엇을 하라'고 말하는 것이 좋다. "그릇 꽉 붙잡아." 그럼 아이는 정말로 그릇을 꽉 붙잡는다.

감정이 격한 아이가 주먹을 휘두르면

폭력을 방지하는 방법

"폭력은 절대 금지야." 아이는 귀가 따갑도록 이 말을 듣는다. 그래서 폭력을 쓰면 안 된다는 것을 누구보다 잘 알지만 살다 보면 그것만이 유일한 방법인 (혹은 유일한 방법이라고 느끼는) 때가 있다. 솔직히 평생 자제력을 1번도 안 잃어본 사람이 있을까? 화가 나서 주먹을 휘두르고 싶었던 적이 단 1번도 없는 사람이 있을까? 아마 거의 없을 것이다. 공격성도 인간의 본성이다. 아이들이 물고 차고 때리는 건 스트레스나 분노에 반응하는 지극히 정상 행동이다. 우리 아이가 화를 내며 발로 차고 물었다고 걱정하며 눈물을 지을 이유는 없다.

물론 남을 아프게 하는 행동은 옳지 않다. 또 아무리 어리다고 해도 때리거나 물지 않아도 감정을 표현할 수 있다는 사실을 가르쳐야 한다. 하지만 설사 우리 아이가 그런 행동을 한다고 해도 성격이 고약해서 혹은 부모가 잘못 키워서 그런 것이 아니다. 폭력의 충동을 억누를 수 있으려면 상당한 감정조절능력이 필요한데 아이는 그런 능력을 갖추기 어렵다. 특히 감정이 격한 아이는 감정조절능력을 배우는 속도도 친구들보다 훨씬 느리다.

따라서 우리 아이가 차고 물고 때리더라도 그것이 지극히 정상임을 알아야 한다. 물론 아이가 알아서 주먹질을 멈출 때까지 부모가 가만히 내버려두라는 말은 절대 아니다. 우리 아이의 폭력으로부터 다른 사람을 보호하고 아이가 다른 방식으로 감정을 표출할 수 있게 돕는 것이 우리의 소임이다. 하지만 급성 스트레스 상황에 처한 아이는 학습 능력이 없다. 즉 조용하고 차분한 시간에 아이에게 스트레스를 풀 수 있는 다른 방법을 미리 가르쳐야 한다. 스트레스 수위가 높으면 아이의 뇌는 이미 '공격 혹은 도주 모드'이기 때문에 어떤 경고나 설명도 통하지 않는다. 그럴 때는 다른 아이와 우리 아이를 보호하는 것이 급선무이다.

폭력 방지

폭력은 절망과 스트레스에 대한 반응이다. 따라서 스트레스 수위가 올라가지 않게 조절하면 자연히 폭력도 사라진다. 그 방법에 대해서는 앞서 4장에서 자세히 설명하였다. 간략하게 정리해보면 아이의 성장 환경이 행복할수록, 감정이 격할 때도 어른에게 사랑받고 인정받은 경험이 많을수록 실망이나 분노가 폭력으로 비화될 확률도 줄어든다.

응급처치

아이가 너무 화가 나서 주먹을 휘두르기 직전이라는 느낌이 온다면 오스트레일리아의 요가 강사인 린제이 리넥Lindsey Lieneck이 개발한 응급처치를 활용해보자.

아이를 움직이게 한다

아이들은 주먹을 휘두르기 직전에 경직된 것처럼 동작을 멈춘다. 이 순간 얼른 아이에게 같이 달리기를 하거나 운동을 하자고 권한다. 아이가 좋다고 하면 부모가 앞서 달려 아이를 뒤따르게 한다. 물구나무를 할 줄 아는 아이라면 부모가 보는 앞에서 물구나무를 시켜보자. 물구나무를 서면 두뇌에서 자동으로 긴장 완화 신호가 흘러나온다.

무릎을 꿇고 속삭인다

아이가 몸에 손도 못 대게 하고 운동도 하지 않겠다고 고집을 피우면 무릎을 꿇어 아이와 눈을 맞춘 다음 목소리를 낮추며 아이에게 말을 건네자. 스트레스 상황에서 어른이 내려다보는 시선이면 아이의 두뇌는 자동으로 위험 상황으로 인식하여 부모의 말에 전혀 반응을 하지 않는다. 하지만 어른이 자세를 낮추어 위험하지 않다는 신호를 보내면 스트레스 수위가 낮아지면서 아이가 다시 안정을 되찾는다.

꼭 안아준다

아이가 자세를 낮춘 부모와 눈을 맞추면 다음 단계로 아이를 꼭 안아준다. 엄마나 아빠가 뒤에서 아이를 꽉 끌어안으면 아이의 마음이 서서히 가라앉는다.

장면 전환

위급한 국면이 진정되면 아이를 데리고 밖으로 나가거나 다른 방으로 간다. 아이의 두뇌는 장소가 바뀌어야 위험 상황이 확실히 종료되었다고 느낀다.

아이와 자신을 보호한다

이 모든 방법이 통하지 않아서 아이가 폭력을 휘두르기 시작하면 급선무는 안전이다. 아이는 물론이고 형제자매, 친구, 부모의 안전이 가장 중요하다. 화난 아이를 쫓아내어 잘못을 깨닫게 하는 처벌이 썩 괜찮은 방법은 아니지만 안전을 위해서라면 아이를 자기 방에 집어넣고 문을 닫는 행동도 필요하다. 그런 훈육 방식이 옳은가 그른가는 행동 그 자체가 아니라 그 행동 뒤에 숨은 의도가 중요하다. 때리는 아이를 따끔하게 혼내주고 싶은 마음이 아니라 가족의 안전을 위해서라면 아이를 잠시 자기 방에 가둘 수도 있다. 아이가 꼼짝도 하지 않겠다고 버티면 부모가 자리를 떠야 한다. 아이를 일단 그 자리에 두고 부모가 다른 곳으로 가서 숨을 돌려야 한다. 특히 다른 형제자매가 있다면 때리는 아이보다 다른 아이들을 먼저 살펴야 한다.

내 자식이 폭력을 휘두르는 꼴을 보고 있자면 제아무리 경험이 풍부한 부모라도 절망감이 밀려든다. 하지만 그런 분노는 스트레스를 해소하기 위한 아이 나름의 방편일 뿐이라는 사실을 잊지 말자. 다른 식의 스트레스 해소법을 익히면 자연스레 폭력도 줄어들 테니 너무 걱정하지 않아도 된다.

6장

거의 정상적인 가족생활

세상에 부모의 짐이 되고 싶은 아이는 없다.
다만 격한 감정을 어떻게 처리해야 할지 몰라
자신도 어쩔 줄 모르는 것이다.
따라서 부모는 한정된 시간과 에너지와 인내력을 잘 분배하여
가족 누구도 불이익을 당하지 않도록,
우리 자신도 너무 희생만 하지 않도록 노력해야 한다.

너 혼자 사니? 너 혼자 살아?

"너 혼자 살아?" 감정이 격한 아이는 어른이 되어서도 이 말을 잊지 못한다. 어릴 때 하도 많이 들었기 때문이다. 맞는 말이다. 세상은 함께 어우러져 사는 곳이다. 그런데 걸핏하면 자기 뜻대로 해 달라고 울고불고 떼를 쓰는 아이와 살다 보면 어떤 부모라도 절로 이런 말이 튀어나올 것이다.

당연히 아무리 감정이 격하다고 해도 세상은 혼자 사는 곳이 아니므로 자기가 원하는 대로 다 될 수는 없다. 그러나 "너 혼자 살아?"라는 말에 담긴 비난과 분노의 어감은 감정이 격한 아이가 의도적으로 그런 짓을 한다는 뉘앙스를 풍긴다. 아이가 온 세상이 자신을 중심으로 돈다고 생각해서 일부러 떼를 쓰는 것이라고 말이다. 그러나 이는 부당한 처사이다. 감정이 격한 아이는 어디를 가나 사람들의 주목을 끌고 비난의 시선을 받아 고단하다. 세상에 부모의 짐이 되고 싶은 아이는 없다. 학교 친구들의 골칫거리가 되고 싶은 아이는 없다. 다른 사람들을 괴롭히고 싶은 사람은 없다. 다만 격한 감정을 어떻게 처리해야 할지 몰라 자신도 어쩔 줄 모르는 것이다.

따라서 부모는 한정된 시간과 에너지와 인내력을 잘 분배하여 가족 누구도 불이익을 당하지 않도록, 우리 자신도 너무 희생만 하지 않도록 노력해야 한다.

똑같을 필요는 없지만 공평하게

다둥이 부모는 아이를 낳을 때 모든 아이에게 똑같이 잘 해주겠다고 다짐한다. 하지만 그 야심찬 결심은 집에 감정이 격한 아이가 없다고 해도 얼마 못 가 처참하게 무너진다. 자식이 여럿이면 절대 모든 아이를 똑같이 대할 수 없다. 사람마다 기질이 다르고 욕구가 다르기 때문이다. 그런데 그 아이들 중에 특히 사납고 예민한 아이가 있다면 평등한 대우는 아예 꿈도 꾸지 않는 것이 좋다. 그 아이가 명확하게 형제자매와 다른 대우를 해달라고 요구할 것이기 분명하다. 아이의 요구를 들어주지 않으려고 사사건건 야단을 친다고 해도, 평온한 일상을 위해 아이가 해달라는 대로 다 들어준다고 해도 가정은 어쩔 수 없이 그 아이를 중심으로 돌아가게 된다.

이상과 현실의 이 참담한 괴리에 양심의 가책을 느끼지 않으려면 똑같은 대우가 곧 공평함은 아니라는 사실을 명심해야 한다. 아이마다 똑같은 시간과 관심을 쏟아야 공평한 것은 아니라는 뜻이다. 아이마다 각각 필요한 만큼 부모의 보살핌을 받을 수 있으면 그걸로 되었다.

아이들의 나이 차이가 많다면 본능적으로 알 수 있다. 십 대 오빠보다 아기한테 더 많은 시간과 애정을 보여야 마땅하다. 여덟 살 아이는 아침에 혼자 일어나고 혼자 옷을 입는 것이 당연하지만 두 살 아이는 깨우고 옷을 입혀주어야 한다. 몸이 불편하다면 사정을 봐주어야 한다. 깁스를 해서 목발을 짚은 오빠는 학교에 데려다주어야 하지만 두 살 어린 여동생은 혼자서 자전거를 타고 학교에 갈 수 있다.

마찬가지로 격한 감정도 배려의 충분한 이유가 된다. 감정이 격한 우리 아이는 안 하는 것이 아니라 못 하는 것이다. 형제자매가 쉽게 할 수 있으니 감정이 격한 아이도 당연히 해야 한다는 생각은 틀렸다. 격한 감정의 소용돌이에 휘말렸다면 설사 그 아이가 아홉 살이라고 해도 도움이 필요한 아기와 다르지 않다. 여린 마음—부모가 없으면 학교 가는 길이 너무너무 무서운 마음—은 부러진 다리와 마찬가지로 실질적인 아픔이기 때문이다.

그러므로 이루지 못할 '평등'이란 꿈을 꾸며 시간과 힘을 낭비하지 말고 모두에게 공평한 가정이 되도록 노력해야 할 것이다. 부모가 동생이나 누나를 나와 다르게 대하더라도 그것이 누구를 더 많이 사랑하기 때문이 아니란 사실을 아이도 알아야 한다. 가족 모두가 다 다르고 따라서 각자 필요한 것이 다르다는 사실을 아이들도 알아야 한다.

너하고 단둘이

감정이 격한 아이의 형제자매가 부모에게 "엄마, 아빠는 맨날 동생만 좋아해" "언니만 좋아해" 하고 화를 내면 그 비난은 날카로운 화살이 되어 부모의 심장을 찌른다. 사실 어느 정도는 맞는 말이기 때문이다. 한 아이가 감정이 격한 아이라는 사실을 깨닫고 그 아이의 욕구를 이해하고 동행하기 위해 사력을 다하다 보면 자연스럽게 다른 아이는 눈 밖으로 밀려나기 마련이다. 또 설사 그 아이의 특별한 기질이 무엇 때문인지 미처 파악하지 못했다고 해도 부모의 머리와 마음엔 온통 그 별난 아이뿐이다. 아이가 절대 옆을 떠나지 않으려고 하고 걸핏하면 울어대기에 아이의 미래가 걱정스럽고 부모 자질에 회의가 든다. 그에 비하면 다른 아이들은 말을 잘 듣고 혼자서도 잘하니까—물론 똑같이 사랑하지만—아무래도 신경을 훨씬 덜 쓰게 된다.

하지만 아무리 순하고 독립적인 아이라도 부모가 동생이나 언니한테 훨씬 많은 시간과 관심을 보이면 기분이 좋을 리 없다. 불공평하다는 생각을 하고 상처를 받는다. 아이에 따라 실망감을 드러내는 방법도 다르다. 시무룩해서 자기 방으로 들어가는 아이가 있는가 하면 평소 얌전하던 아이가 갑자기 고함을 지르고 욕을 하고 물건을 집어 던질 수도 있다. '이 집에선 떼를 써야 사랑과 관심을 주는구나! 그러니 나도 말썽을 부려야 관심을 받을 수 있겠구나!' 그런 생각을 하기 때문이다.

이런 일을 예방하기 위해 혹은 이미 일어났다면 해결하기 위해 부모가 해야 할 일은 1가지다. 따로 시간을 내어 소홀히 했던 아이에게 관심을 보이는 것이다. 아이의 말에 귀를 기울이고 책임감을 갖고 아이와 함께 해결의 길을 찾는다. 아마 이 아이가 요구하는 사랑과 관심은 감정이 격한 형제자매의 요구보다 훨씬 덜할 것이다. 그러나 그렇다고 절대 덜 중요한 것은 아니다.

일상에 허덕이며 살다 보면 사실 모든 아이에게 특별히 관심을 쏟아주기가 힘들다. 이럴 땐 시간을 정해 일과에 포함시키면 좋다. 매일 저녁 엄마나 아빠가 큰아이 방에 들어가서 문을 꼭 잠그고 대화를 나눈다. 문을 닫아야 말썽꾸러기 남동생이 들어와 훼방을 놓지 못하니 말이다. 또 엄마나 아빠 한쪽이 작은아이를 돌보는 사이에 다른 쪽이 큰아이와 시간을 가져도 좋다. 혹은 매주 토요일 오전마다 딸을 엄마에게 맡기고 아빠와 아들 둘이서만 마트에 가장을 보면서 그 주에 있었던 일을 이것저것 이야기할 수도 있다.

중요한 것은 그런 순간에 아이가 형제자매의 괴팍한 기질 때문에 화가 나고 실망했다고 솔직하게 말을 할 수 있어야 한다. 부모가 자꾸 눈치를 주거나 아이의 말을 넘겨들으면 아이는 하고 싶은 말을 참거나 듣기 좋게 바꾸어버린다. "그래, 사실 아빠도 네 동생 때문에 힘들 때가 많단다"라는 아빠의 솔직한 한마디가 아이에게 결속감과 동지의식을 심어줄 수 있다.

휴식의 장소가 필요하다

감정이 격한 동생이나 형을 둔 아이에겐 자신을 보호할 수 있는 장소가 반드시 필요하다. 동생이나 형이나 누나가 격한 감정을 주체하지 못해 난리를 피울 때면 얼른 피할 수 있어야 한다. 그런데 집안 사정에 따라 아이가 많고 방이 부족하면 모든 아이에게 각자 방을 줄 수가 없다. 그렇다고 감정이 격한 형제자매와 한 방을 쓰라고 강요하는 것도 아이에게 너무 못할 짓이다. 하루 24시간 내내 형제자매의 격한 감정을 받아주고 지켜보기란 어른도 하기 힘든 일이다.

형제끼리 하루가 멀다 하고 싸우는 꼴을 안 보려면 방 배치를 잘 해서 다툼의 소지를 미리 없애야 한다. 제일 큰아이와 막내가 한 방을 쓰게 하고 감정이 격한 둘째에게 따로 방을 주는 것은 어떨까? 아빠 책상을 잠시 부엌으로 옮기고 서재를 방으로 만드는 것도 방법이다. 온 가족이 부엌 식탁에 모여 노는데 굳이 거실이 필요할까? 2층 침대에 말썽꾸러기 막내가 계단을 오르지 못하도록 하고 형이 혼자 있고 싶을 때 그 위로 올라가는 것도 좋은 방법이다.

그럴 공간이 부족하다면 안방 구석에 소파를 놓아두고, 누구나 혼자 있고 싶을 때 그곳을 이용하게 하는 것도 좋다. 부모도 애들이 거실에서 소란스럽게 놀 때면 잠시 그곳에 숨어 한숨 돌릴 수 있다.

피하는 게 상책?

피할 수 있으면 피하는 게 상책이다. 감정이 격한 아이가 짜증을 부릴 수 있는 소지를 아예 없애면 조금이라도 더 평화가 깃들 것이다. 그래서 가능한 한 외출을 삼가고 익숙한 환경에서 정해진 루틴대로 생활한다. 어찌 생각하면 참 현명한 판단이지만 또 어찌 생각하면 감정이 격한 아이 때문에 온 가족이 아무것도 못 하고 집에만 틀어박혀 있어야 하니, 너무 못할 짓이다. 부모는 그렇다 치고 어린 형제자매는 무슨 죄인가? 나가기만 하면 떼를 쓰는 동생 때문에 큰아이도 아무 데나 못 간다. 너무 부당하지 않은가!

부모가 예민한 동생 때문에 즐거운 놀이동산이나 워터파크를 못 가겠다고 하면 큰아이는 그 말을 이렇게 해석한다. '그래, 동생이 나보다 더 소중하구나. 동생 때문에 나는 아무것도 못 하는구나!' 설사 십 대 청소년이라고 해도 부모의 그런 결정("너도 알잖니, 나가면 준호가 너무 힘들어해")을 쉽게 이해할 수 없다. 부모가 힘들 때마다 아이가 다 이해해줄 거라 생각한다면 지나친 기대다. 최악의 경우 형제 사이가 아주 나빠질 수 있다("준호 때문에 아무것도 못 해!").

이 갈등은 어떻게 해소할 수 있을까? 가끔씩 부모가 아이 한 명씩을 전담해서 둘만의 시간을 보내는 것이 좋다. 또 감정이 격한 아이가 새로운 환경에 잘 적응할 수 있도록 철저히 준비해서 온 가족이 함께 시간을 보내는 것도 괜찮은 방법이다. 무엇보다 부모가 혼자서 다 해결하려고 하지 말고 주변에 도움을 청해야 한다. 친구가 자기 아이들과 큰아이를 놀이공원에 데리고 가거나 거꾸로 친구에게 작은아이를 맡기고 큰아이만 데리고 놀이공원에 가도 된다. 때로는 아이들의 머리에서 예상치 못한 멋진 아이디어가 튀어나온다. 아이에게 솔직하게 말하고 어떻게 하면 좋을지 물어보자. 아이는 어른이 미처 생각하지 못한 독창적인 아이디어를 떠올리기도 한다. 하지만 정말로 도저히 해결 방법이 안 떠오를 때는 어떻게 해야 할까? 부모가 설사 아이 마음에 들지 않는 결정을 내리더라도 아이의 실망을 위로하고 이해해줄 수 있다면 그 아이는 별 탈 없이 실망의 터널을 지날 수 있다.

부모를 얼마나 이해해줄 수 있을까?

특히 감정이 격한 아이들은 마음이 여리기 때문에 별것 아닌 비난에도 쉽게 마음을 다친다. 그렇다 보니 부모는 최대한 아이를 이 험한 세상으로부터 보호하기 위해 애쓴다. 설사 그 험한 세상이 아이의 형제자매라고 해도 말이다. 하지만 그런 과보호가 자칫 이중잣대가 되어 나머지 아이의 마음을 다치게 할 수 있다. 감정이 격한 아들이 화가 나서 누나에게 욕을 하면 '동생이 나쁜 의도가 있어서 그런 것은 아니니까 너무 신경 쓰지 말라'고 누나를 다독인다. 그러나 반대로 누나가 화를 내면 '왜 그렇게 화를 내고 나쁜 말을 하느냐'고 야단을 친다. 부모의 행동이나 심정을 이해 못 할 바는 아니지만 결과가 좋을 리 없다. 중재를 잘 못하는 부모 때문에 아이들의 사이는 자꾸만 나빠진다.

감정이 격한 아이는 병이 들었거나 장애가 있는 것이 아니다. 그저 스트레스와 흥분에 취약할 뿐이다. 당연히 존중과 배려를 받아야 하지만 언제까지고 봐줄 수는 없다. 그 아이들도 고단한 일상에 대처할 나름의 전략을 찾아야 한다. 이 배움의 과정에서 형제자매는 매우 중요한 역할을 한다. 외부 세상의 요구 사항을 가정으로 끌고 와 감정이 격한 아이에게 스트레스를 주지만, 부모가 곁에 있는 안전한 공간에서 아이가 스트레스 해소 전략을 시험해볼 수 있는 기회를 제공하기 때문이다. 거꾸로 감정이 격한 아이의 형제자매 역시 말의 무서운 힘을 실감하고 타인의 감정을 함부로 대하면 안 된다는 교훈을 배울 수 있다.

따라서 부모는 예민한 아이에게 모든 것을 맞춰주려 하지 말고 온 가족이 서로를 배려하고 존중하도록 노력해야 한다. 함께 모여 가족 규칙을 만든 다음 모두가 그 규칙을 지키게 하는 것도 좋은 방법이다.

문제가 두 배

감정이 격한 형제자매들

감정이 격한 아이가 태어날 확률은 100명 중 7~10명꼴이다. 그러니까 통계로만 보면 한 가정에서 감정이 격한 아이가 2명, 3명 태어날 확률은 거의 없다. 그런데도 의외로 그런 경우가 적지 않다. 하나도 벅찬데 둘셋이라니, 기쁨도 몇 배지만 근심도 몇 배다. 욕구가 강한 아이 여러 명에게 어떻게 필요한 것을 다 줄 수 있을까?

실제 부모들의 경험담을 들어보면 아이가 아직 어려서 신체 접촉의 욕구가 강할 때는 힘이 엄청나게 들지만 아이들이 조금 더 자라면 자기들끼리 잘 지내기 때문에 훨씬 수월해진다고 한다. 감정이 격한 아이들끼리는 서로를 더 잘 이해하고 공감하기 때문이다. 똑같이 감정이 격하다고 해도 기질이나 성격은 다를 수 있지만 그래도 전혀 다른 형제자매들보다는 서로를 더 많이 이해할 수 있다. 또 서로를 보며 격한 감정을 다스리는 법을 배울 수 있고, 함께 머리를 맞대고 전략을 고민할 수도 있다.

아무리 그래도 부모를 강렬히 원하는 여러 명의 아이와 함께 살기란 무보수 야근을 밥 먹듯이 하는 종일제 근무에 못지않은 고단한 일이다. 다들 아이 둘을 키우면서 거뜬히 직장까지 다닌다니 나도 혼자서 참고 견뎌야 할까? 그렇지 않다. 감정이 격한 아이 둘은 보통 아이들 여덟 명과 맞먹는다. 여건이 되는 대로 주변에 도움을 청하든, 가사도우미를 부르든 최대한 집안일을 나누자. 회사에서도 너무 일 욕심을 부리지 말자. 물론 맡은 일을 소홀히 하라는 뜻은 절대 아니다. 당분간 맡은 일에만 충실하자는 원칙을 고수하면서 지나친 의욕은 잠시 접어두자.

공동 육아가 필요해

진화의 관점에서 보면 우리 인간은 공동 육아를 하는 종種이다. 애당초 인간의 아이는 집단적으로 기르게 되어 있다는 의미이다. 우리 조상들은 수천 년 동안 부족의 형태로 생활했다. 아이가 있거나 없거나, 혈연관계이거나 아니거나 30~40명이 모여 함께 살면서 이곳저곳을 떠돌았고 필요한 것을 장만했다. 나무 열매를 따고 동물을 사냥해 먹을 것을 마련하고 불을 피우고 가죽을 깁고 활을 만들었고 아이를 키웠다. 그래서 인종학자들은 요즘 부모들이 부모 노릇을 힘들어하는 이유도 그런 진화 과정에 있다고 말한다. 핵가족은 인간에게 적합한 삶의 형태가 아니다. 우리에겐 부족이 필요하다. 외로움을 달래주고 혼자서 다 해결해야 하는 부담을 덜어줄 공동체가 필요하다.

물론 역사의 수레바퀴를 거꾸로 돌릴 수도 없고 그럴 필요도 없다. 하지만 우리 인간에겐 공동 육아가 적합하다는 사실을 알고 나면 지금 우리에게 가장 필요한 것이 무엇인지도 절로 알 수 있다. 한마디로 인간의 육아는 혼자서 감당해야 하는 일이 아니다.

감정이 격한 아이의 부모는 특히나 생각의 전환이 필요하다. 별난 아이 때문에 몸도 마음도 지친 데다 아이가 유달리 부모만 찾기 때문에 다른 사람을 아예 육아에 끌어들이려고 하지 않는 경향이 높기 때문이다. 아이를 꼭 집 밖의 시설에 맡기지 않아도 방법은 많다. 부모의 부담을 덜 수 있는 도움의 손길을 찾아보자.

공동 육아의 다양한 방법

부모 전담팀

감정이 격한 아이를 키우는 몇 팀의 부모가 뜻을 모아 필요할 때는 언제고 서로 믿고 아이를 맡긴다. 아이와 함께하는 다양한 프로그램을 마련하면 독박 육아의 외로움도 덜 수 있고 아이도 비슷한 기질의 친구를 사귈 수 있어 일거양득이다.

아이가 없는 친척 혹은 친구

아이가 없는 사람들은 감정이 격한 아이의 부모가 어떤 삶을 사는지 상상조차 할 수 없다. 아이가 없는 친구나 친척, 지인을 자주 활용하자. 아이의 부모는 쉴 수 있어 좋고, 친구는 아이를 통해 잠시나마 활력을 되찾을 수 있어 좋다.

가사도우미 혹은 베이비시터

무상으로 도움을 줄 수 있는 사람이 많으면 좋겠지만 그럴 여건이 안 된다면 조금 무리가 되더라도 베이비시터나 가사도우미를 통해 가사 부담과 육아 부담을 덜어보자. 힘들면 배달 음식을 먹어도 되고 빨래는 세탁소에 맡기면 된다. 모든 것을 내 손으로 해야 한다는 강박을 버려야 한다.

온라인 모임

부족의 중요한 기능에는 실용적인 지원 못지않게 정서적 지원도 상당하다. 감정이 격한 아이를 키우는 부모들이 모여 만든 온라인 카페나 동호회에 가입하면 고민을 상담할 수도 있고 위로를 받을 수도 있다. 또 기회가 된다면 오프라인 모임에도 참석하여 관계를 더 돈독하게 키워나갈 수 있다.

사랑하는 친척 여러분

감정이 격한 아이는 대가족이 함께 살며 키우면 가장 좋다. 여러 사람이 짐을 나누어 지면 모두에게 득이 된다. 부모는 육아의 부담을 덜 수 있어 좋고 아이들은 믿을 수 있는 여러 보호자와 끈끈한 애착의 경험을 쌓을 수 있어 좋다. 하지만 안타깝게도 이런 혜택을 누릴 수 있는 가정은 극소수이다. 요즘엔 일가친척이 다 멀찌감치 떨어져서 살기 때문이다. 그래도 교통수단이 워낙 편리하게 발달했으니 공간적 거리는 뛰어넘을 수 있다. 문제는 세대의 견해 차이가 날로 벌어진다는 점이다.

감정이 격한 아이를 키우는 부모들에게 가장 비난과 조롱을 많이 쏟아내는 사람도 결국은 가족이다. 가족 모임이 있을 때마다 꼭 이런 말들이 튀어나온다.

- "애들은 배만 부르면 잘 놀게 되어 있어."

- "무슨 젖을 3시간이나 먹여?"
- "애들은 차만 타면 자거든."
- "애가 먹고 싶다는 것만 먹이니까 편식을 하지."
- "애들이 울고불고할 때는 무시하는 게 최고야."
- "잘 키운 애들은 반항을 안 해."
- "애하고 같이 잔다고? 왜?"
- "세 살짜리에게 아직 젖을 먹인다고?"
- "애들이 울면서 크는 거지."
- "떼쓴다고 다 들어주면 안 돼."
- "애들은 할머니 집을 좋아해."
- "저런 애는 평생 안 바뀌어."
- "애가 어른 말을 들어야지 어른이 애 말을 들어서야 되겠어?"
- "애들은 어린이집 좋아해."
- "다섯 살이나 돼서 30분도 혼자 못 있어?"
- "잘 타일러서 혼자 자게 해."
- "떼쓰면 안 된다는 걸 가르쳐야지."
- "애를 보면 부모를 알 수 있는 거야."
- "부모가 순하면 애도 순한 거지."
- "가만두면 알아서 울음 그쳐."
- "애 가지고 그렇게 호들갑 떨지 마라."

- “자꾸 오냐오냐하니까 버릇이 더 나빠지지.”
- “애들은 생각보다 강해. 그렇게 유리 다루듯 하지 않아도 된다고.”
- “나는 너희들 그렇게 안 키웠다.”

그러나 이 모든 주장이 우리 집에서는 통하지 않는다. 야단을 치고 체벌을 해봤자 우리 아이한테는 아무 소용이 없다. 아이의 의지는 너무 강하고 아이의 감정은 너무 격해서 방법은 둘 중 하나밖에 없다. 하루도 조용한 날 없이 아이와 싸우거나 아니면 아이를 있는 그대로 받아들이고 상생의 길을 모색하거나.

친척들, 특히 연로하신 부모님은 우리의 태도를 이해하기 힘들다. 격한 감정을 그대로 표출하는 우리 아이들과 그 감정을 대하는 우리의 방식을 보면 심한 불쾌감이 치밀어 오른다. 놀랍기도 하고 이해할 수 없기도 하고 마음이 아프다가 미안하기도 하며 화가 나고 거부감이 밀려들기도 한다. 우리의 부모님 세대는 어린 시절 한 번도 그런 식으로 자기감정을 표출해본 적이 없고 또 우리를 그런 식으로 키우지 않았다. 그러므로 자신들과 다른 방식으로 아이를 대하는 우리를 보면 만감이 교차할 것이고 저래서는 안 된다는 걱정에 자기도 모르게 잔소리가 튀어나오는 것이다. 감정이 격한 아이를 키우는 부모에게 그보다 더 괴로운 일은 없다. 눈에 넣어도 안 아플 손자와 자식인데, 누구보다 아이의 미래를 걱정해야 할 할머니·할아버지가 가장 힘든 시기에 가장 큰 상처를 입히다니!

타인보다 가족이 오히려 더 큰 상처를 주는 이유는 단순하다. 아이의 격한 감정과 그에 대응하는 우리의 반응이 그들의 어릴 적 경험과 가슴 저 밑에 숨어 있던 감정과 신념을 건드리기 때문이다. 우리의 양육 방식이 그들의 세계를 어지럽히고 뒤흔들어서다. 그들이 믿었던 것, 자신의 어린 시절 기억, 자신의 부모와 양육 경험, 그 모든 것이 우리로 인해 의심스러워진다. 우리의 부모도, 형제자매도, 한 번쯤 거칠고 강렬한 감정에 휩싸였던 적이 있었을 것이다. 어쩌면 수치심과 죄책감과 고통의 거대한 산 밑에 지금도 그 감정들이 파묻혀 있는지도 모른다. 그런데 갑자기 우리가 등장해서 그 모든 감정을 무시하고 억압하는 것이 과연 옳은 일인지 의문을 제기한다. 심지어 반항적이고 예민한 아이의 심성이 무슨 대단히 소중한 보물이라도 되는 양 보살피고 보호하려 한다. 그러니 우리 부모는 절로 거부감이 든다. '그렇지 않아. 이 아이들이 옳을 리 없어.' '이 아이들이 옳다면 우리의 삶이 잘못되었단 말인가?'

거부감이 어떻게 생긴 것인지를 안다고 해서 도를 넘은 그들의 무례한 행동이 합리화되는 것은 아니다. 하지만 우리의 양육 방식이 우리 부모의 자아상에 큰 흠집을 내고 그들을 위협한다는 사실을 깨달으면 공격적인 말과 행동을 인신공격이 아니라 불안의 표현이라고 생각할 수 있다.

이는 우리보다 앞선 세대, 우리 부모나 조부모에게만 해당되는 사항이 아니다. 우리의 형제자매나 사촌들도 감정이 격한 우리 아이들과 우리의 양육 방식을 비판할 수 있다. 이유가 무엇일까? 자신들과 다른 우리의 행동을 통해 자신들의 양육 방식을 자꾸만 되돌아보게 되기 때문이다. 그들 역시 운명의 장난으로 감정이 격한 아이를 낳기 전까지는 부모가 잘만 키우면 아이들은 절로 순하고 착하다고 굳게 믿는다.

감정이 격한 아이로 인해 세대 갈등이 깊어지고 친척과 사이가 멀어질 수도 있다. 하지만 부모, 조부모와 대화의 자리를 마련해 억압했던 감정, 과거와 현재의 교육에 대해 허심탄회하게 의견을 주고받는다면 오히려 서로를 더 이해하고 가까워질 수 있다.

친척 집에 갈 때는

감정이 격한 아이에겐 예민한 안테나가 있다. 평소와 미묘하게 다른 점도 귀신같이 알아차린다. 예를 들어 잘 보이고 싶은 사람들, 직장 동료나 아이 선생님, 시부모처럼 어려운 사람들을 만나야 해서 엄마가 잔뜩 긴장을 하면 아이도 곧바로 따라서 긴장을 한다. 엄마는 속으로 생각한다. '제발 오늘은 사고 치지 말아야 할 텐데.' '오늘만은 얌전하게 굴어야 할 텐데.'

무언의 기도가 들릴 리 만무하지만 아이는 부모의 심정을 곧바로 알아차린다. 우리의 불안, 수치심, 긴장, 공포, 불신은 거울신경의 다리를 건너 곧바로 아이의 두뇌로 넘어가 경고의 종을 울려댄다. '조심해, 조심해.' '엄마가 스트레스를 받았어.' '위험해!' 그 결과 무슨 일이 일어날지는 우리 모두 경험으로 너무나 잘 알고 있다. 아이가 버둥대고 짜증을 부리고 물컵을 깨고 뛰어다니고 심술을 부린다. 우리는 생각한다. '이 아이는 어쩜 이리도 부모를 괴롭힐까?' '단 하루라도 얌전하게 굴면 어디 덧나기라도 하나?' 그러나 아이의 무의식에 이 모든 스트레스 신호를 보내 아이가 달리 반응할 수 없게 만든 범인이 바로 우리이다.

이럴 땐 차라리 터놓고 심정을 고백한 다음 아이에게 정확한 행동 지침을 조언하는 편이 훨씬 유익하다. 물론 그 지침은 현실적이어야 한다. 아이가 충분히 할 수 있는 행동이어야 한다. 다섯 살 아들에게 할머니 댁에 가면 엄마가 할머니랑 이야기할 동안 식탁에 가만히 앉아 있겠다는 약속을 받아낸다. 그렇게 하겠다는 아이의 대답은 진심이다. 하지만 아이는 그 약속을 지킬 수 없다. 한시도 가만히 있지 못하는 아이에게 몇 시간 동안 가만히 앉아 있으라는 주문은 애당초 실현 불가능하다. 그러나 다섯 살 아들에게 손님 접대를 부탁하며, 구운 과자 맛을 보고 과자를 식탁으로 나르라고 시키면 아이는 실수 없이 잘 해낼 수 있다. 그렇게 왔다 갔다 하고 손님들의 칭찬을 들으면서 한창 피어오르기 시작한 운동과 독립의 욕구를 해소할 수 있다. 그리고 어쩌면 그 덕분에 엄마, 아빠도 조금이나마 일손을 덜 수 있다.

과거의 상처를 치유하다

앞에서도 말했듯 감정이 격한 사람들은 뇌가 다르게 작동한다. 그러니 이 유전적 특수성이 대물림될 확률도 매우 높다. 그 말은 감정이 격한 아이가 하나도 없는 집이 있는가 하면 그런 아이들이 세대마다 거르지 않고 태어나는 집도 있다는 말이다. 따라서 올바른 양육 방식을 둘러싼 수많은 갈등 뒤엔 어린 시절의 트라우마가 숨어 있는 경우도 많다.

감정이 격한 아이로 태어났지만 그 감정을 억압할 수밖에 없었던 세대가 아이의 감정을 인정하고 존중하는 요즘의 부모를 보면 마음이 편하지 않을 것이다. 자신도 똑같이 존중과 인정을 받고 자랐더라면 삶이 얼마나 달랐을까 하는 생각이 들어 마음이 많이 아프고 슬픔이 밀려올 것이다. 다행히 상처를 현명하게 극복할 만한 지혜가 있어서 감정이 격한 손주 혹은 증손주를 통해 과거의 자신을 새롭게 바라볼 수 있다면 일부나마 해묵은 상처를 치유할 수도 있다. 어릴 적 감정이 격한 탓에 늘 야단을 맞으며 스스로가 잘못됐다고 여겼는데 이제 와서 보니 시대를 잘못 타고 태어났을 뿐 자신의 잘못이 아니라는 것을 깨달았을 테니 말이다.

우리 현우는 아기 때부터 감정 표현이 과도했어요. 한번 울면 좀처럼 그치지 않았고 울음소리도 귀가 아플 정도였죠. 더러운 지갑 같은 것을 잡길래 빼앗으면 화를 주체하지 못하고 악을 쓰며 고함을 질렀어요. 그런 일이 매일 몇 번이고 생기니 정말이지 힘들었어요. 애를 너무 오냐오냐 키운다는 소리도 엄청 많이 들었고요.

아이는 집중력도 남달랐어요. 생후 9개월 때 친구랑 나란히 피아노 건반 앞에 앉혔더니 친구는 버둥대기만 했는데 현우는 음악가 저리 가라 할 정도로 심각하게 건반을 만지더라고요. 세 살 때부터는 매일 울음보를 터트렸고 한 번 시작하면 1시간 넘게 울었어요. 울면 완전히 이성을 잃고 온몸을 부들부들 떨었죠.

지금은 여덟 살인데, 저는 자기감정을 현우처럼 정확하게 표현할 줄 아는 아이를 본 적이 없어요. 또 현우처럼 적극적인 아이도 본 적이 없고요. 마음은 또 얼마나 고운지 엄마가 조금만 시무룩해 있으면 금방 쪼르르 달려와 어디 아프냐고 묻는답니다. 연기도 잘하고 노래도 잘 부르고요. 요즘은 가만히 앉아 그림도 잘 그려요. 그림 그릴 때는 옆에서 아무리 떠들어도 모를 정도예요.

하지만 요즘도 잠을 푹 자지는 못해요. 하룻밤에도 몇 번씩 깨서 엄마를 찾아요. 감정도 여전히 극단적이고요. 조금만 기분이 나빠도 금방 불같이 화를 내고 음식이 조금만 입에 안 맞으면 바로 구역질을 해버리고 부당한 일은 절대 못 넘겨서 동생이 조그만 잘못을 해도 난리가 나요.

애를 너무 자유롭게 키운다는 소리를 참 많이 듣죠. 하지만 우리가 보기엔 다른 거예요. 필요한 게 다른 아이들하고 다른 거죠. 현우에겐 이해와 동행이 필수적이에요.

얼마 전에 아버지에게 현우가 감정이 격한 아이 같다고 말씀을 드렸어요. 그래도 우리는 아이를 존중하고 인정하며 키우고 싶다고요. 그랬더니 갑자기 아버지가 우시는 거예요. 아버지가 우시는 모습은 그때 처음 봤어요. 아무 말씀도 안 하셨지만 아마 당신의 어린 시절이 생각나셨던 것 같아요. 현우와 비슷한 기질을 타고나서 야단도 많이 맞고 매도 많이 맞았다고 하셨거든요. 그날 이후 현우를 바라보는 아버지의 눈빛이 엄청 부드러워지셨어요. 당신과 같이 거친 감정을 타고났지만 자유롭게 자랄 수 있는 손자를 보며 행복하신 것 같아요.

– 윤진

부부관계가 위험하다

사랑의 결실로 아이를 얻었는데 그 아이 때문에 사랑이 위태롭다면 참 슬픈 일이다. 아이를 키우는 부모라면 대부분 수긍할 것이다. 특히 그 아이가 보통 아이가 아니라 감정이 격한 아이라면 문제는 자못 심각해질 수 있다. 아이가 아무리 잠을 안 자고 걸핏하면 운다 해도 몇 주, 몇 달 정도야 이 악물고 어떻게든 견디겠지만 아무리 시간이 가도 아이가 달라지지 않는다면 부모도 지칠 수밖에 없다. 한시바삐 문제가 될 수 있는 요인을 정확하게 살펴 대안을 모색해야 한다.

신체 접촉 과부하

관계는 가꾸어야 지속된다. 시간과 관심, 애정을 쏟아 결속력을 키우고 사랑을 지켜야 한다. 그런데 아기가 태어나면 그 애정이 배우자가 아니라 아기에게로 향한다. 더구나 그 아기가 감정이 격하고 애착의 욕구가 과도한 아기라면 수유를 하는 엄마 입장에선 신체 접촉에 넌더리가 날 수 있다. 그래서 마침내 아기가 잠이 들고 나면 정말이지 몸에 닿는 그 어떤 것도 진절머리가 날 정도로 싫다. 포옹도, 뽀뽀도 싫으니 그 이상이야 말해 무엇 하겠는가.

감정이 격한 아이를 키우면 이런 과부하 상태가 좀처럼 끝나지 않는다. 아이가 커도 수시로 부모를 찾기 때문에 늘 안아주어야 하고 달래주어야 하고 업어주어야 하고 놀아주어야 한다. 그런 아이로 인해 신체 접촉에 넌더리가 나고 에너지도 바닥을 친다. 부부의 사랑을 확인하기엔 너무나 열악한 여건이다.

이런 상황에서 도움이 되는 것들

신체적 교류가 아니어도 방법은 많다

꼭 신체 접촉이 있어야 사랑을 확인할 수 있는 것은 아니다. 일상 속 작은 제스처로도 애정을 표현할 수 있고 다정한 위로의 말을 담은 문자 한 통으로도 힘을 줄 수 있다. 또 아이가 잘 때 함께 와인 한잔 마시면서 나란히 누워 재미난 드라마를 보아도 좋다.

부담을 던다

가사 부담만 덜어도 훨씬 시간과 에너지가 남는다. 물론 가사 도우미를 청하려면 돈이 들겠지만 부부 심리치료보다는 적은 비용이 들 것이고 이혼보다는 단연코 더 낫다.

양육 방식을 점검한다

감정이 격한 아이를 키우다 보면 자신도 모르게 아이와 밀착해 지내게 되므로 일주일에 단 몇 시간이라도 자신을 위해 시간을 내겠다는 생각을 하지 못한다. 그 상태로도 온 가족이 행복하다면야 문제가 없지만 그런 양육 방식이 부담의 한계를 넘을 경우 부부관계에도 좋지 못한 영향을 미친다. 자신의 양육 방식을 다시 한번 점검해보고 최대한 도움의 가능성을 타진해보아야 한다.

자신의 욕구에 귀를 기울인다

감정이 격한 아이를 키우다 보면 아이의 요구가 하도 많고 까다로워서 미처 부모 자신의 욕구를 돌아볼 겨를이 없다. 그리고 그 기간도 다른 아이들에 비해 훨씬 길다. 하지만 아무리 그렇다고 해도 아이는 자라나고 나이가 들면서 타인의 욕구를 배려해야 한다는 사실을 배우게 된다. 아이에게 시간을 정해주고 혼자 방에서 놀게 하는 연습을 꾸준히 시키면 부모 둘이서 보낼 수 있는 시간도 차츰 늘어날 것이다.

탓하지 마라

아이 때문에 아무리 힘이 들어도 책임 전가는 절대 금물이다. "당신 때문에 애가 저 모양이잖아!" 이런 말은 부부관계만 악화시킬 뿐 누구에게도 도움이 안 된다. "당신이 많이 힘들겠지만 우리가 조금만 더 노력해서 이해하고 지켜주면 훌륭하게 자랄 수 있을 거야." 이런 따뜻한 말 한마디가 어마어마한 힘을 발휘한다.

교육관이 다를 때

특별한 아이로 인해 일상이 엉망진창이 되면 부모는 자기도 모르게 이런 생각을 하게 된다.

'이게 누구 탓일까?'
'이제 어쩌지?'

첫 번째 질문은 쉽게 대답할 수 있다. 누구의 탓도 아니다. 그렇게 태어난 아이의 잘못도, 그렇게 낳은 부모의 잘못도 아니다. 그냥 그런 아이가 태어난 것이다.

두 번째 질문은 대답하기가 조금 더 어렵다. 개인에 따라, 사회에 따라, 문화에 따라 아이를 바라보는 시선이 다르기 때문이다. 한 가정에서도 엄마와 아빠의 교육관이 다른 경우가 적지 않다. 한쪽에선 '아이를 좋은 사람으로 만드는 것이 부모의 소임'이라고 생각하지만 다른 쪽에선 '아이가 좋은 사람이라는 것을 믿어주는 것이 부모의 도리'라고 생각한다. 한쪽에선 '아이를 부모 뜻대로 만들 수 없다'고 생각하고 다른 쪽에선 '아이가 버릇없이 구는 꼴은 절대 못 본다'고 주장한다.

그러나 충돌과 갈등이 있다고 해도 공동의 목표를 잃어버려서는 안 된다. 그러려면 양쪽 모두 상대의 교육관 역시 우리 아이를 향한 사랑에서 나온 것임을 잊지 말아야 한다. 나의 배우자 역시 아이가 잘 자라기를, 아이가 행복하고 당당하게 인생을 살아갈 수 있기를 바란다. 그가 선택한 길은 나와 다를 수 있어도 목표는 나와 다르지 않다. 아이를 향한 사랑은 우리를 하나로 묶어주는 끈이다. 이런 단순한 진실을 잊지 않으면 많은 갈등을 방지할 수 있다. 둘이서 힘을 모아 공동의 목표에 닿을 공동의 길을 모색할 수 있을 테니까 말이다.

특히 감정이 격한 아이의 부모들은 아이를 키우면서 타인의 복잡한 감정을 읽고 대처하는 데에는 이미 달인이 되었을 것이다. 이제 그 능력을 십분 발휘하여 서로의 마음을 읽을 수 있다면 다른 교육관 뒤편에 같은 소망과 마음이 숨어 있다는 사실을 알 것이다. 우리 아이가 잘 자라기를, 친구도 잘 사귀고 학교도 잘 다니기를, 우리 가정이 행복하기를 바라는 그 마음은 서로 똑같다. 그럼 서로를 이해하려 노력할 것이고 나아가 아이뿐 아니라 가족 모두의 욕구를 채우는 구체적인 계획을 함께 짤 수 있을 것이다.

정말 힘들었어요. 온 집안이 딸 나래를 중심으로 돌아갔거든요. 아이가 한번 화를 내면 주체를 못 하기 때문에 어떻게든 아이가 원하는 것은 다 들어주었어요. 브로콜리 냄새가 싫다고 해서 브로콜리는 아예 사지도 않았어요. 아이가 숙제를 안 하겠다고 하면 우리가 대신 해주었고 딴 사람한테는 죽어도 안 가려고 해서 24시간 아이와 함께 보냈죠. 그렇게 해달라는 대로 다 해주면 아이도 언젠가 깨닫고 우리한테 잘 해줄 거라 믿었어요. 하지만 아이는 점점 더 난폭해졌어요. 자기가 왕이라도 된 듯 명령조로 말했죠. 우리가 말을 안 들어주면 물건을 집어 던졌고 두 살인 남동생을 때리기도 했어요. 정말 이건 아니다 싶었죠. 친구한테 하소연을 했더니 가족 심리치료를 받아보라고 권했어요.

우리는 심리치료사가 나래하고만 상담을 할 줄 알았어요. 그런데 의외로 우리한테 이것저것 질문을 던지더라고요. 아이가 옆에 있어서 우리가 대답을 꺼렸더니 상담사가 말했어요. 가족이 행복하려면 모두가 노력해야 한다고, 잘못한 사람을 찾아내자는 것이 아니라 해결 방안을 모색하자는 것이니 나래가 들어도 상관없다고요. 몇 차례 상담 끝에 남편과 나는 우리의 사랑과 이해가 도를 넘어 오히려 아이에게 필요한 방향과 규칙을 보여주지 못했다는 사실을 깨달았어요. 물론 처음에는 그런 생각이 영 마뜩잖았어요. '아이를 자유롭게 키워야지, 왜 ㄴ자꾸 구속하라는 걸까?' 그러나 상담사의 말을 듣고 생각을 바꾸었죠. 상담사는 "부모가 제멋대로 선을 그어 아이의 자유를 구속하면 문제가 되지만 일정 정도의 선과 규칙은 아이에게 따뜻한 포옹처럼 안정감을 준다"고 말했어요. 그날 이후 우리 집에도 규칙이 생겼어요. 식사는 반드시 함께할 것. 매일 오후 숙제를 꼭 할 것. 나래가 우리에게 원하는 것이 있을 때는 악 쓰지 말고 공손하게 이야기할 것. 처음엔 나래가 심하게 반항했죠. 하지만 꾸준한 상담을 통해 다양한 훈육의 방법을 배웠어요. 한 3주쯤 지나고 나니까 조금씩 변화가 느껴졌어요. 나래가 짜증이 많이 줄었고 차분해졌어요. 명령조이던 말투도 사라졌고 스트레스를 받거나 필요한 것이 있으면 조용히 이야기를 했어요. 물론 지금도 폭력적일 때가 종종 있지만 예전과 달리 우리가 얼른 개입해서 동생을 딴 방으로 보내고 아이를 잘 달래기 때문에 예전보다는 폭력의 수위도 많이 낮아졌어요. 여전히 나래는 키우기 힘든 아이지만 그래도 지금은 온 가족이 아이한테 휘둘리지는 않아요. 가정은 어른이 이끌어나가야죠. 그게 부모가 할 일이고요.

– 여덟 살 딸 나래와 두 살 아들 하준을 키우는 엄마 주연

안전한 항구

감정이 격한 아이의 부모는 아이가 너무 매달리니까 양심의 가책을 느껴 아이를 떼어놓지 못한다. 아이가 연신 부모를 찾아대므로 우는 아이를 떼어놓고 나가기가 자못 걱정스럽다. 하지만 그럴수록 마음을 다잡아야 한다. 장기적으로 보아 부모의 휴식이 더 중요하다면 단기적인 아이의 소망은 잠시 외면하는 편이 더 현명하다. 부부 둘만의 시간도 단기적으로는 아이에게 불만과 스트레스를 유발한다. 엄마와 아빠가 극장에 가느라고 할머니가 대신 잠자리를 봐주면 책을 읽어주지도 않고 혼자 자라고 하니 아이는 혼란스럽고 불안할 것이다. 그래서 부부 둘만의 시간을 계획할 때도 아이의 현재 상황을 완전히 무시할 수는 없다. 아이가 아직 어리다면 하룻밤 정도의 외출은 괜찮지만 며칠 아이를 맡기고 휴가를 떠나서는 안 된다.

하지만 될 수 있는 대로 자주 부부 둘만의 시간을 보내며 관계를 가꾸는 것이 장기적으로 보면 아이에게도 유익하다. 부모가 금슬이 좋아야 가족 전체가 행복할 수 있다. 서로를 아끼고 사랑하는 부모가 아이에게 안정감을 선사할 수 있다. 시간을 내기가 어렵더라도 최대한 부부의 사랑을 가꾸는 것이 아이에게 줄 수 있는 가장 큰 선물이다.

혼자서 감정이 격한 아이를 키우는 것은

감정이 격하건 아니건 혼자서 아이를 키운다는 것은 초인적 힘이 필요한 일이다. 아이를 입히고 재우고 먹이는 일상 노동도 큰일이지만 무엇보다 혼자라는 사실이 슬플 때가 많다. 아이가 학교에서 상을 받아 와도 같이 기뻐할 사람이 없고 아이가 아파도 함께 걱정할 사람이 없다. 또 안심하고 맡길 사람이 없으니 휴식하며 기운을 회복할 기회가 없다. 이혼한 후에도 아이 양육만큼은 짐을 나누고 함께 의논하는 부모는 영화에나 존재한다. 대부분은 이별과 동시에 부모 노릇에서도 손을 떼어버리기 때문에 아이를 맡은 쪽이 혼자서 무거운 짐을 다 지곤 한다. 그 아이가 감정이 격하기까지 하다면 몇 년 동안 혼자서 그 격동의 시간을 견뎌야만 한다. 당연히 그런 상황에선 대부분의 사람이 부담에 짓눌려 쓰러지기 일보 직전일 것이다. "좀 쉬어라." "그러다가 병난다!" 속 모르는 주변 사람들은 좋은 뜻에서 충고를 하지만 당사자에겐 조롱이나 비웃음으로밖에는 안 들린다. '누가 몰라서 안 쉬나? 사정이 안 되니 못 쉬는 거지.' 한부모는 경제적 어려움을 겪는 경우도 더 많아 가사도우미를 구하거나 베이비시터를 고용하기도 힘들고 일하는 시간을 줄이는 것도 만만치 않다.

이런 복잡한 사정을 생각하면 나 역시 함부로 이런저런 해결책을 권하기가 어렵다. 한부모들끼리 관계망을 형성하여 정신적으로나 실질적으로 서로 도움을 주고받는다면 그것보다 좋은 방법은 없을 테지만 그런 관계망을 만들자면 시간과 에너지가 필요하고 한부모에게는 그럴 여유가 없다. 그럴수록 아이를 생각만큼 다정하게 대하지 못한다고 자책해서는 안 된다. 짊어질 수 있는 짐에 한계가 있는 법이다. 그건 감정이 격한 아이들도 느낄 수 있다. 도저히 기운이 없어서 아이를 달래고 쓰다듬어줄 수 없다면 그냥 옆에 있기만 해도 된다. 떼를 부릴 때마다 달래주고 화를 낼 때마다 다독여야 하는 것은 아니다. 한계가 오면 그냥 그 사실을 인정하자. 그리고 아이와 TV 앞에 나란히 앉아서 같이 만화영화를 봐도 좋고 코코아를 마시며 쉬어도 괜찮다.

한나의 아빠는 아이가 두 돌이 되기도 전에 우리를 버렸어요. 우리랑 사는 게 너무 힘들다는 이유였죠. 떠날 때 정말 그렇게 말했어요. 실제로 한나는 키우기가 너무 힘든 아이예요. 태어난 날부터 절대 혼자 누워 있지를 않았거든요.

잘 때도 내 품에서나 배 위에서만 잤어요. 잠이 들었나 싶어 살짝 뉘려고 하면 귀신처럼 알아차리고 온 방이 떠나가라 울어댔어요. 화장실에 갈 때도 아이를 안고 갈 정도였으니까 더 말할 필요 없겠죠. 어디 데리고 나가면 더 난리가 났어요. 버스나 지하철을 타면 정말로 내릴 때까지 계속 울었거든요. 산책 한 번을 갈 수가 있나 마트 한 번을 갈 수가 있나 정말 사는 게 사는 게 아니었어요. 요즘은 많이 나아졌지만 그래도 아이는 여전히 자극에 예민해요. 집에서도 TV나 라디오를 켜면 금방 알아차리고 끄라고 해요. 시끄럽고 정신 사납다는 거죠. 그러니까 집에 둘이 있을 때도 가만히 누워 있거나 책을 읽거나 레고를 갖고 노는 게 전부예요. 그럼 아이도 좋아서 많이 웃어요.

저도 사람이니까 가끔은 친구들을 만나고 싶죠. 하지만 대가가 너무 커요. 아이를 데리고 나갔다 오는 날에는 밤새 잠을 못 자서 피곤에 지친 아이가 다음 날 종일 저를 엄청 괴롭히거든요. 그래도 얼마 전부터는 아이를 어린이집에 보내기 시작했어요. 정말 무지무지 오랜 적응 기간을 거쳤지만 어쨌든 요즘은 아이가 오전 9시부터 오후 3시까지 어린이집에서 지내요. 형편이 안 좋아 본격적으로 일하고 싶은데 아직 일자리를 찾지 못해서 우선 아르바이트를 하며 지내요. 그래도 가끔씩은 카페에 앉아 라테 한 잔 시켜놓고 세 시간 정도 저만의 시간을 즐기기도 한답니다. 3년 만에 겨우 찾은 나만의 시간이에요. 고마운 마음으로 마음껏 즐겨야죠.

– 세 살 한나를 키우는 스물여섯 살 엄마 채린

둘째를 낳아도 될까?

감정이 격한 아이는 부모의 인생 계획도 엉망으로 만든다. 아이 치다꺼리에 지친 부모는 '이 아이와 함께라면 애초에 꿈꾸었던 삶이 도저히 불가능할 것 같다'는 생각 끝에 체념하게 된다. 특히 아이를 터울 없이 여럿 낳아서 친구처럼 키우고 싶었던 부모라면 고민이 참으로 깊을 것이다.

가족계획은 오랜 고민과 의논의 결과일 때가 많다. 그런데 아이를 낳고 보니 까다롭기가 이만저만이 아니다. 이렇게 요구하는 것이 많고 잠도 안 자고 울기만 하고 유모차도 안 타려고 하고 다른 사람한테는 절대로 안 가고 하루 종일 안아주고 얼러달라고 하는 아이가 또 태어난다면? 부모는 고개를 저으며 다시 죄책감에 사로잡힌다. 당연히 아이를 사랑한다. 하지만 서너 살이 되어도 신생아처럼 손이 많이 가는 아이를 둘, 셋 키울 자신은 없다. 또 예민한 아이가 엄마의 임신과 동생의 탄생을 문제없이 받아들일 수 있을지도 고민이다. 과연 이 아이가 엄마의 사랑을 동생과 나누려고 할까?

이런 사정을 알면서도 애초의 가족계획을 고수할지, 아니면 터울을 조금 더 두어 몇 년 후에 둘째 임신을 고민할지, 아예 둘째를 포기할지, 그건 각 가정에서 결정할 문제다. 또 어떤 선택을 한다고 해도 모두가 옳은 길이다. 중요한 것은 아이 때문에 계획을 바꾸었다고 해서 부모가 죄책감을 느낄 필요는 없다는 점이다. 그것 역시 남들보다 훨씬 고단한 일상을 사는 사람이 보일 수 있는 지극히 정상적이고 건강하며 책임 있는 반응이다. 아이를 낳을 때도 정해진 원칙은 없다. 터울이 2년을 넘지 않아야 우애가 좋다는 말도 있지만 그것 역시 아이에 따라 다르다. 나이 차이가 많이 나서 오히려 좋은 점도 있다. 큰아이가 작은아이를 어른 못지않게 아껴주기 때문에 부모의 부담이 줄 수 있고 작은아이도 큰아이한테서 많은 것을 배울 수 있다. 형제자매가 많아서 행복할 수도 있지만 오히려 부모 사랑을 빼앗겼다는 결핍감을 느낄 수도 있다. 외동이어서 외로울 수도 있지만 외동인 사람 중에 사회성이 좋은 사람도 많다.

어떤 결정을 내리건 책임은 부모의 몫이다. 감정이 격한 아이의 탓이 아니다. 아이와 함께하는 일상이 아무리 고단하고 힘들어도 부모가 둘째, 셋째를 낳을지 말지는 아이의 책임이 아니다. 그런데 안타깝게도 감정이 격한 사람들 중에는 부모가 자기 때문에 이런 저런 일을 하지 못했다는 죄책감을 느끼는 사람이 많다.

- "어머니는 원래 자식을 둘 낳으려고 했대요. 그런데 내가 너무 힘들게 하니까 아버지가 둘째도 나 같은 아이가 태어날까 무서워서 낳지 말자고 했다더군요."
- "어머니는 '네가 별난 애가 아니었으면 딸을 하나 더 낳고 싶었다'고 늘 말씀하세요."
- "우리 어머니는 지금도 말씀하세요. '너 같은 애가 하나 더 있었으면 난 벌써 죽었다'라고."

감정이 격한 아이는 특히 부모의 모든 감정을 자기 책임이라고 생각하기 쉽다. 그 감정이 자신과 관련된 것이라면 더욱 막중한 책임감을 느낀다. 하지만 부모의 가족계획은 자식 탓이 아니다. 자식이 어떻게 해줄 수 있는 부분이 아니므로 어릴 적 감정이 격한 아이여서 부모를 힘들게 했더라도 그것이 내 탓이라고 생각할 이유는 없다.

커서 뭐가 되려고

감정이 격한 아이를 키우는 부모들에겐 공통점이 하나 있다. 지금 이곳에서 아이와 하루하루 씨름하는 것도 힘들지만 그보다 아이의 미래가 더 걱정이다. 이 예민하고 까칠하고 제멋대로인 아이가 과연 사회에 적응할 수 있을까? 효율과 능률을 먼저 따지는 이 세상에 우리 아이처럼 반항적이고 고집이 세면서도 또 마음은 여려서 쉽게 상처받는 아이가 들어갈 자리가 있을까?

나는 믿는다. 그 아이들의 자리는 당연히 있다고. 아니, 지금 이 시대는 어느 때보다 그런 아이들이 필요하다. 인류가 앞으로 나아갈 수 있었던 것은 바로 이런 삐딱이들, 자유의 투사들, 반항아들이 있었기 때문이다.

물론 이런 말로 감정이 격한 아이를 키우는 어려움을 미화하려는 것은 아니다. 우리 아이들은 많은 상황에서 다른 아이들보다 훨씬 다루기 힘들다. 아무리 부모라도 우리 아이가 예민함도, 반항도, 슬픔도 분노도 조금만 덜하면 얼마나 좋을까 하고 바란 적도 많을 것이다.

그래도 나는 확신한다. 어릴 적 자신이 지금 모습 그대로 괜찮은 아이라고 느낀다면 그 아이는 여리고 약해도 결코 무너지지 않을 것이다. 우리 아이들은 마음이 여리고 에너지와 끈기와 반항심도 넘쳐나지만 누구보다 공감 능력이 뛰어나 신뢰로 뭉친 끈끈한 인간관계를 맺을 줄도 안다. 내가 볼 때는 예민한 감각으로 상대를 더 많이 이해하고 공감하는 이런 능력이야말로 감정이 격한 아이가 지닌 가장 큰 잠재력일 것이다.

아이가 타고난 이 잠재력을 발휘하려면 무엇보다 자신의 격한 감정을 억누르려 하지 말고 잘 조절할 수 있는 방법을 배워야 한다. 그 길을 우리가 아이와 동행해야 한다. 아이와 부모가 함께 노력하여 감정을 잘 조절할 수 있게 된다면 우리 아이들은 그 특별한 기질 덕에 남들보다 더욱 행복하고 자유롭고 충만한 삶을 살 수 있다.

- 우리 아이들은 상상력과 창의력이 폭발적이므로 이 암담한 세상을 그림과 조각과 영화와 음악과 글로 환히 밝히는 예술가가 될 수 있다.
- 우리 아이들은 호기심과 끈기가 대단해서 학자가 되어 인류

의 지식 저장고를 가득 채울 수 있다.

- 우리 아이들은 언어 구사력과 표현력이 뛰어나 글로 먹고사는 시인이나 소설가가 될 수 있고, 거기에 타고난 관찰력과 정의감까지 합쳐지면 펜의 힘으로 부조리를 폭로하는 위대한 기자가 될 수도 있다.
- 우리 아이들은 운동을 좋아하고 야심이 크므로 프로 운동선수가 되어 조국의 명예를 드높일 수도 있고, 용감하고 책임감 있는 소방대원이나 경찰이 될 수도 있다.
- 우리 아이들은 호기심과 남을 도우려는 마음이 크기에 의료계도 적성에 맞다. 간호사, 의사, 간병인, 요양보호사 등도 적합한 직업이다.
- 우리 아이들은 눈치가 빠르고 소통 능력이 좋아서 장사를 해도 잘할 것이고 프로젝트 매니저나 변호사가 되어도 성공할 것이다.
- 우리 아이들은 마음이 따뜻해서 아이들이나 장애인, 노인을 보살피는 직업에도 적합하다.
- 우리 아이들은 열정이 넘치고 예민해서 교사나 교수, 사회사업가가 되어도 잘 해낼 것이다.
- 우리 아이들은 용감하고 정직하며 말재주가 좋기 때문에 정계로 진출해도 크게 성공할 것이다.

- 우리 아이들은 정의감이 투철하고 소신이 있기에 인권단체나 환경보호단체, 난민구호단체 등에서 활약하며 세상을 더 나은 곳으로 만들 수 있을 것이다.
- 우리 아이들은 세심하고 꼼꼼하기 때문에 손재주가 많아서 어떤 분야에서도 기술을 배우면 틀림없이 장인이 될 수 있을 것이다.
- 우리 아이들은 야심만만하고 똑똑하며 고집이 세므로 어떤 큰 기업에 들어가도 높은 자리까지 쑥쑥 올라갈 것이다.

이것이 끝이 아니다. 우리 아이들은 모든 것이 될 수 있고 모든 일을 할 수 있다. 감정이 격한 아이는 욕심이 많고 능력이 대단하기 때문에 자신감만 잃지 않는다면 원하는 모든 것이 될 수 있다.

그러니 우리부터 우리 아이들의 특별한 욕구와 재능을 귀하게 여길 줄 알아야 한다. 우리 아이들은 고고한 난초다. 귀하고 예민하여 특별한 보살핌과 비옥한 토양이 필요하다. 그래서 키우기가 무척 힘이 들지만 적합한 조건만 갖추면 숨은 능력을 발휘하여 무럭무럭 잘 자랄 것이다. 그리고 언젠가는 세상의 그 어떤 꽃보다도 아름답고 탐스러운 꽃을 활짝 피울 것이다.

에필로그

가장 값진 선물

'우리 아이들은 다른 아이들과 다르다.' 아마 당신은 이 생각 때문에 이 책을 선택했을 것이다. 그리고 이제 책을 마무리하며 나는 당신이 이 책을 읽으며 아이의 특별한 기질과 우리의 특별한 역할에 대해 많은 것을 알았기를 바란다. 더불어 무거운 짐을 많이 내려놓고 큰 용기를 얻었기를 바라며, 당신이 죄책감과 자책을 털어버렸기를, 무엇보다 당신의 아이를 있는 그대로 인정하고 사랑하기를 바란다.

우리 아이들은 다른 아이들과 다르다. 나는 이 다름이 큰 행운이라고 믿는다. 감정이 격한 아이들은 말할 수 없이 부모를 힘들게 하지만 정말로 특별한 선물이기도 하다. 우리 아이들은 세상의 모든 감정을 너무나도 강렬하게 느끼고 거침없이 표현하기에 세상 그 누구도 우리만큼 큰 기쁨과 신뢰와 감사를 느끼지 못할 것이며,

신이 나서 소리를 지르는 꼬맹이와 함께 뛰어놀고 웃으며 사랑을 나누는 것이 얼마나 대단한 일인지 절대 상상할 수 없을 것이다. 감정이 격한 아이는 우리 자신을 새롭게 바라보고 오랜 시간이 지난 지금 옛날 상처를 다시 헤집어 치료할 수 있는 기회를 선사한다. 우리에게 인내하는 법도 가르친다. 무엇보다 우리 자신을 참아낼 수 있는 인내를 가르친다. 우리 아이들은 조건 없이 우리를 사랑하고 우리의 잘못을 용서한다.

그러니 아이의 분노와 절망이 온 집 안을 뒤흔든다 해도 그들의 격한 감정을 겁낼 필요가 없다. 격렬한 감정은 열정과 헌신, 활력도 의미하기 때문이다. 우리 아이들은 예민하고 여리지만 또 그에 못지않게 용감하고 강하다.

우리 아이들은 한 치의 의심도 없이 우리를 세상 최고의 부모라고 믿는다. 그들의 신뢰는 그들의 사랑만큼 무한하다. 설사 아이 때문에 어제와 오늘이 힘들고 고단했다 해도 아이의 신뢰와 사랑보다 더 큰 행복이, 그보다 더 값진 선물이 또 있을까?

주

1. Kagan, Jerome, Reznick J. Steven und Gibbons Jane: Inhibited and Uninhibited Types of Children, In: *Child Development* 60,4 (1989), S. 838-845.
2. Auszug aus einem Interview von Robin Marantz mit Jerome Kagan, in: *The New York Times Magazine*, 29. September 2009 (Übersetzung: Nora Imlau)
3. Rodgriguez, Alina et al.: Fetal origins of child non-right-handedness and mental health, in: *Journal of Child Psychology and Psychiatry* 49,9 (2008), S. 967-976.
4. Davis, Elysia: Parental Exposure to Maternal Depression and Cortisol Influences Infant Temperament, in: Journal of the American Academy of Child and Adolescent Psychiatry 46,6 (2007), S. 737-746
5. Dawson, G. et al: The role of early experience in shaping behavioral and brain development and its implications for social policy. Developmental Psychology 12 (2000), S. 695-712.

   Gunnar M. R.: Studies of the human infant‹s adrenocortical response to potentially stressful events. New Directions for Child Development, Fall (1989), S. 3-18.

   Gunnar M. R. et al: Social regulation of the cortisol levels in early human development. Psychoneuroendocrinology Jan-Feb (2002), S. 199-220.

Herlenius, E. et al: Neurotransmitters and neuromodulators during early human development. Early Human Development October (2001), S. 31-37.

Kramer K. M. et al: Developmental effects of oxytocin on stress response. Physiology & Behavior. September 79, 4-5 (2003), S. 775-782.

Levenson R. W.: Blood, Sweat and Fears – The Architecture of Emotion. Annals of the New York Academy of Sciences 1000 (2003), S. 348-366.

Schore, Allan N.: Attachment and the regulation of the right brain. Attachment and Human Development, October Issue (2010), S. 23-47.

6. Sukel, Kayt: Reactive Temperament in Infancy Linked to Amygdala Activity Later in Life, http://dana.org/News/Details.aspx?id=43193.
7. Sunderland, Margot: *The Science of Parenting*. London: Dorling Kindersley 2006 (Übersetzung: Nora Imlau).
8. Imlau, Nora: »Zum Glück total verschieden«. In: *ELTERN* 2 (2017), S. 78.
9. Mehr über unsere Ursprünge als Jäger und Sammler bei Hewlett, Barry: *Hunter-gatherer Childhoods. Evolutionary, Developmental, and Cultural Perspectives*. New Brunswick u.a.: Aldine Transaction 2005.